"十四五"国家重点出版物出版规划项目

航天发动机技术丛书

液体火箭发动机基于过程神经网络故障预测理论与方法

吴建军　聂　侥　程玉强　著

科学出版社

北　京

内 容 简 介

　　故障预测对保障液体火箭发动机安全、可靠地运行具有重要意义。随着数据融合、数据挖掘和深度学习技术的快速发展,基于数据驱动的液体火箭发动机故障预测方法已成为这些年研究的重点。本书以大型氢氧火箭发动机为研究对象,按照"从总体框架到具体方法,从单一模型到组合模型,从单一算法到多算法集成,从理论分析到应用集成"的思路,系统梳理总结了以过程神经网络为基础,针对液体火箭发动机所获得的故障预测方面的主要成果。

　　本书适合从事液体火箭发动机故障预测理论研究与应用的人员阅读,对于其他领域的技术人员和学者也有一定的参考价值。

图书在版编目(CIP)数据

　　液体火箭发动机基于过程神经网络故障预测理论与方法/吴建军,聂侥,程玉强著. -- 北京:科学出版社,2025. 1. --(航天发动机技术丛书). -- ISBN 978 - 7 - 03 - 079812 - 1

　　Ⅰ. V434 - 39

　中国国家版本馆 CIP 数据核字第 20242M5V61 号

责任编辑:徐杨峰 / 责任校对:谭宏宇
责任印制:黄晓鸣 / 封面设计:殷　靓

科学出版社 出版
北京东黄城根北街 16 号
邮政编码:100717
http://www.sciencep.com

南京展望文化发展有限公司排版
苏州市越洋印刷有限公司印刷
科学出版社发行　各地新华书店经销

*

2025 年 1 月第　一　版　　开本:B5(720×1000)
2025 年 1 月第一次印刷　　印张:13 1/4
字数:255 000

定价:120.00 元
(如有印装质量问题,我社负责调换)

丛书序

　　航天科技与工程是我国科技强国征程的一颗耀眼明珠。导航卫星、载人飞船、空间站、探月工程、火星探测等重大任务顺利实施,体现了航天强国建设的巨大成就!

　　航天技术是一个国家综合实力的重要体现。西方发达国家对中国在航天技术领域实行了严厉的封锁政策。航天发展,动力先行。动力系统一直承载着人类进入太空、探索宇宙的梦想,被称为人类空间探索事业发展的基石。航天技术的日趋成熟,在很大程度上取决于动力技术的发展。事实证明,航天发动机技术领域要不断取得突破,跻身世界先进行列,必须依靠自主创新,掌握核心技术,实现自主可控。

　　航天发动机技术,作为人类探索宇宙奥秘、开拓太空领域的基石,其研制历程充满困难与挑战,是一部孕育智慧与勇气的史诗。在液体火箭发动机的轰鸣声中,运载火箭一次次成功将卫星、空间站等载荷送入太空;固体火箭发动机的迅猛发展,让导弹与小型运载火箭的发射更加便捷高效;空间电推进技术的悄然兴起,为航天器的长期驻留与深空探测铺设了高效节能的航道;而组合动力技术的创新探索,更是开启了航天动力及航天运输多元化发展的新纪元。

　　液体火箭发动机以其高能量密度、推力可调及可重复使用等优势,始终是航天发射领域的核心动力。从早期的有毒、小推力发动机到如今的绿色、大推力、高性能型号,科研人员不断突破技术瓶颈,提升发动机性能,为航天器的成功发射与运行提供了坚实保障。

　　固体火箭发动机则以其结构简单、反应迅速、维护方便等特点,在导弹武器系统大放异彩。随着材料科学与制造工艺的进步,固体火箭发动机的推力与燃烧效率不断提升,为快速响应与高效发射提供了有力支撑。

　　空间电推进技术的出现标志着航天动力技术的革命性飞跃。通过电场或磁场加速离子或电子,产生持续而稳定的推力,空间电推进技术显著降低了航天器的燃料消耗,延长了其在轨运行时间,为深空探测与星际旅行奠定了基础。

组合动力技术则是航天发动机技术发展的又一重要方向。通过将不同类型的发动机进行优化组合,实现优势互补。组合动力技术为航天任务提供了更加灵活、高效的动力解决方案,将极大地拓展航天器的任务范围与适应能力,推动航天事业迈向新的高度。

科技人才是航天发动机技术自主创新和技术发展的主体,知识的传承和发扬至关重要。在此背景下,科学出版社邀请中国航天推进技术研究院牵头,联合国内知名院所和高校,组织召集了相关型号总师及高校教授、科研院所专业人士等知名专家共同编写一套"航天发动机技术丛书"。丛书围绕"航天发动机"这一主题,既从理论高度关注航天动力基础科学问题,又密切结合航天动力领域发展的前沿成果,更难得的是融入了行业专家的工程设计经验,具有很高的理论和工程价值。丛书突出航天动力系统的特色,体现学科交叉融合,确保具有前瞻性、原创性、专业性、学术性、实用性和创新性。

丛书于2021年正式启动,入选了"十四五"国家重点出版物出版规划项目。丛书涉及火箭发动机总体设计、部件设计、结构与材料、推进剂、燃烧学、空间特种动力及相关基础和前沿成果,凝聚了众多学者和科研人员的智慧,希望通过系统全面总结我国航天发动机技术及其相关领域近二十年成果,吸收及融合当前技术发展成果,阐述航天动力的新型交叉技术和设计方法,形成一套完善的知识体系,促进航天人才培养和技术创新发展,为我国航天强国之路奠定坚实基础!

是为序!

2024 年 7 月

本书序

2023 年是人类开展航天活动以来首次突破 200 次火箭发射的年份,全球共进行了 223 次航天发射任务,其中 212 次发射成功,11 次发射失败,失败原因均是火箭发动机系统出现问题。液体火箭发动机作为运载器和航天器推进系统的核心装置,是人类进入空间、控制空间、利用空间的重要基础,其水平、能力、可靠性决定着一个国家在太空这个无垠舞台中的广度与深度。液体火箭发动机的可靠性和安全性决定着航天任务实施的成功与否,因此,以开展火箭发动机与运载器故障预测、检测、诊断与容错控制为主要内容的状态监测与健康管理技术研究,其学术意义和工程应用价值,显而易见。

故障预测是液体火箭发动机实时在线状态监控的关键环节。通过及时准确地故障预测,可以对故障的发生做出预警,并对潜在的故障发展预先给出控制策略,有效提高发动机工作时的可靠性和安全性。如今,随着传感器技术、数据融合技术和智能技术的发展进步,学界和工业部门似乎拥有了前所未有的工具和手段,对发动机实时工作状态进行监测与分析,以实现故障的早期识别和预警。多年来,应用人工神经网络技术,解决动态系统和动力系统的故障预测问题,已进行了大量的研究。但对于液体火箭发动机系统而言,由于其测量数据具有强的非平稳性、非线性和突变性等特征,传统人工神经网络方法难以建立起发动机工作全过程故障预测模型,在工程具体应用中也存在诸多限制。

本书系统梳理总结了吴建军教授团队在处理时空二维信息的过程神经网络解决液体火箭发动机故障预测方面的成果。全书按照**"从总体框架到具体方法、从单一模型到组合模型、从单一算法到多算法集成融合、从理论分析到系统集成"**的思路来组织。为了帮助读者系统地了解液体火箭发动机故障预测的基本原理,作者在梳理总结常见故障预测概念和故障预测方法的基础上,提出了液体火箭发动故障预测通用框架与策略,拓展了传统故障预测功能,规范了故障预测过程,对开展液体火箭发动故障预测研究具有重要指导作用。作者在大量真实的发动机试验数据基础上,对常见的发动机故障进行了分析总结,梳理提炼了发动机故障预测中重点、难点问题,并提出多个新颖的方法用于解决实际问题。主要包括:① 针对固定模型难以有效预测火箭发动机故障发展变化趋势的问题,提出了基于输出权值更新与基于输出调节系数更新的过程神经网络增量学习方法,提高过程神经网络的适应能力与预测精度,有效解决了问题;② 针对应用单一预测模型对火箭发动机进行故障预测时,模型泛化能力较低、模型规模较大,学习训练困难的问题,提出组合过程神经网络预测方法,避免寻找最优模型的复杂过程,增强网络的泛化性能和鲁棒性,具有较高的工程应用价值;③ 针对液体火箭发动机传感器数据非平稳性强、数据量庞大,预测模型学习训练难度大、训练效率低等问题,提出了多尺度并行过程神经网络预测方法,通过对数据进行多尺度采样,能够有效地对具有时间多尺度特性的发动机稳态阶段数据的全局和局域特征进行提取,并缩减样本数量,减小网络优化难度,提高网络的预测能力。提出了基于数据分段的过程神经网络预测方法,通过对发动机数据进行分割并建立相应的预测模型,充分利用数据的历史信息,降低网络优化难度并增强了泛化性能,解决过程神经网络难以对新的发动机变工况过程进行预测的问题;④ 针对单一的预测算法难以克服自身限制,同时保持较高的预测精度和泛化能力,提出了基于动态权重组合的集成预测方法,以较为简单的方式确定各个子方法的预测模型,并根据预测方法的局域性能分配权重,有效地综合各方法的优势去解决故障预测问题,具有较强的实际可用性。提出的在线集成预测方法,在一定程度上解决因数据样本较少造成单一预测方法预测精度偏低的问题,特别是对于局域相关性较强的数据具有较好的预测性能,能够用于解决发动机在线故障预测问题。

　　国防科技大学吴建军教授所带领的团队,是国内最早开展液体火箭发动机健康监控研究工作的团队之一。自 20 世纪 90 年代中期起,在国家自然科学基金、国家高技术研究发展计划、国家安全重大基础研究计划等持续支持下,已进行了近三十年的潜心研究,积累了丰富的试验数据和研发经验,研制的监控系统已成功应用于多个型号发动机,相关研究成果代表了国内在该领域的发展水平。作者多年前就敏锐且付诸实践地应用过程神经网络,针对液体火箭发动机故障预测这一专门问题,进行了深入系统的研究。全书论述系统深入,理论知识自治,学术水平高,对我国液体火箭发动机故障预测技术的发展具有重要的指导作用和工程应用价值。

2024 年 12 月

前　言

从技术手段上确保运载火箭发射任务顺利完成一直是航天大国、航天强国高度重视的问题。液体火箭发动机是运载火箭推进系统的核心动力装置和关键组成部分,无论是一次性运载火箭,还是可重复使用运载火箭,液体火箭发动机安全可靠工作是确保整个运载火箭安全可靠运行、顺利完成任务的关键。围绕运载火箭发射安全开展的液体火箭发动机健康监控技术,从 20 世纪 70 年代开始一直持续不断发展至今,经历了由算法简单到复杂、由功能单一到实用、由低级到高级、由单一信息分析到多元信息融合、由离线检测诊断到实时故障监控、由被动故障监控到主动减损控制不同阶段。如今,健康监控技术正由实时故障监控向故障预测方向发展。

液体火箭发动机状态可分为正常、异常(征兆)、故障和失效四种状态。液体火箭发动机出现故障征兆,但是性能并未产生不可接受的偏移,液体火箭发动机还可完成既定任务。如果在这段时间内,能够判断出发动机将要发生故障,则实现了故障预测。液体火箭发动机故障预测技术主要研究液体火箭发动机出现异常或故障征兆向发动机故障发展的过程。其主要目的是基于测量得到的流量、温度、压力、转速、振动等信号,利用所建立的模型、规则、网络结构等知识,并结合信号处理、模型计算、智能推理等方法,对发动机进行故障预测,从而为发动机地面试车和飞行过程中故障的实时判断与控制,以及试车后和飞行后的故障分析与工作状态评价,提供科学合理的决策依据。

国防科技大学空天科学学院是国内最早开展液体火箭发动机健康监控技术与故障预测技术研究的单位。本书反映了作者团队多年来在故障预测方法的研究成果,不仅适合于从事液体火箭发动机控制、结构设计、故障检测与诊断、故障预测等技术研究的科研人员、工程应用单位的技术人员使用,也可以作为高等院校相关专业研究生的参考书。

全书共分为 8 章。第 1 章详细介绍液体火箭发动机故障预测的基本概念与内涵,并对国内外研究现状和发展趋势进行分析综述。第 2 章对 PNN 的基本理论进行了介绍,重点介绍了 3 种 PNN 的学习算法,并对每种算法的适用性进行了分析。针对实际工程问题,介绍了几种常用的 PNN 模型,以及其参数设计和相应的学习算法,为后面章节提供预备知识,同时也可作为后续章节的理论参考。第 3 章首先介绍故障预测的基本过程和基本功能,然后建立液体火箭发动机故障预测通用框架与策略、基于过程神经网络方法构建故障预测规则,并以此为基础,发展基于过程神经网络的故障预测方法。第 4 章研究故障阈值自适应更新与过程神经网络增量学习之间关系。为提高发动机工作过程故障阈值的有效性、可靠性和敏感性,根据发动机实际工作过程及历史工作数据特点,对故障阈值自适应更新与过程神经网络增量学习问题进行研究,发展故障阈值自适应更新方法与更新策略,分别提出基于权值更新的过程神经网络预测方法和基于输出调节系数更新的过程神经网络预测方法,这是故障预测方法研究的基础。第 5 章在分析过程神经网络结构特征的基础上,研究过程神经网络模型处理液体火箭发动机故障预测中泛化性能不高的问题。首先,研究组合过程神经网络预测模型泛化性能与误差分析方法,提出降低组合过程神经网络模型泛化误差的策略。其次,对三种组合过程神经网络预测模型泛化性能进行研究分析,对比这些方法的预测能力与泛化性能。最后,为改进组合模型预测效率,降低组合模型建模难度,提出基于误差预测修正的故障预测方法,并与单一过程神经网络预测方法的泛化能力进行对比。第 6 章为改进过程神经网络对数据样本的泛化能力,研究基于信息融合技术的数据滤波方法和基于相空间重构的样本构造方法,对用于过程神经网络的样本训练数据进行预处理和样本重构。同时,为研究分析数据样本对过程神经网络预测能力的影响,提出多尺度并行过程神经网络预测方法与基于数据分段的过程神经网络预测方法,以降低过程神经网络优化难度,并提高其泛化能力。最后,利用液体火箭发动机地面热试车数据对这些预测方法进行验证并评价其泛化能力。第 7 章为解决不同过程神经网络预测方法适应性与局限性,提出多方法集成预测方法以满足液体火箭发动机实际工作过程中的应用;通过动态权重组合将不同预测方法的预测结果进行融合,有效利用不同方法的局域预测优势,提高故障预测性能;提出基于在线建模的故障预测方法应用于发动机在线故障预测,解决在线样本有限造成故障预测性能降低的问题。第 8 章集成前面章节的预测方法,给出了液体火箭发动机故障预测工具箱(failure prediction tool-box for liquid-propellant rocket engine, FPTLRE)设计与实现过程。FPTLRE 具备自动数据处理、数据管理与方法验证等诸多功能,并且具有使用便捷、界面友好、接口丰富、数据可视化与功能模块化等特点。

特别感谢国际宇航科学院院士、国防科技大学原校长陈启智教授多年来的悉心培养和指导。感谢研究生朱晓彬、胡润生、熊靖宇在本书文字录入、格式编排和校对等方面付出的辛勤劳动。感谢国防科技创新特区项目和国家自然科学基金项目的资助,感谢国防科技大学学术专著出版专项资金以及科学出版社对本书的出版给予的大力支持。

基于过程神经网络的液体火箭发动机故障预测是开展健康监控技术研究值得重视的方向,涉及航空宇航推进理论与工程、人工智能、系统工程等多个交叉学科和领域,随着这些领域技术的发展进步,基于过程神经网络的故障预测技术的发展也十分迅猛。由于作者水平有限,书中难免有错误和不妥之处,恳请读者批评指正。

作　者

2024 年 6 月

目　录

第 1 章　绪　论

第 2 章　PNN 理论基础

第 3 章　基于 PNN 的 LRE 故障预测方法

第 4 章　基于增量学习的 PNN 故障预测方法

第 5 章 基于组合 PNN 的预测方法

第 6 章 基于样本重构的 PNN 预测方法

第7章 基于多方法集成的预测方法

第8章 发动机故障预测工具箱设计与实现

第 1 章
绪　论

1.1　引　言

　　液体火箭发动机(liquid-propellant rocket engines, LRE)是运载火箭推进系统的主要动力装置和关键组成部分,发动机安全可靠工作是整个系统安全可靠并保障任务成功的关键[1]。因此,如何保障液体火箭发动机安全可靠地运行一直是运载火箭推进系统的研究重点,也是各航天强国的关注热点。保证发动机安全运行的主要手段有[2]:① 在设计制造阶段,优化设计方案、采用新技术、新材料、新工艺,加强各个元器件和部组件检测与质量控制,以提高产品质量和可靠性;② 在发动机的地面测试阶段,尽可能地发现故障,改进设计方案,消除发动机安全隐患;③ 采用健康监控系统,在运行阶段实时监测发动机工作状态,尽可能早地发现故障隐患,在发生故障时采取相应的控制手段,以确保发动机能够继续完成任务或将故障造成的破坏减小到最低限度。但由于液体火箭发动机(尤其是下一代可重复使用液体火箭发动机)结构复杂、研制周期长、造价昂贵,虽然在定型前后都会进行大量各类地面热试车,但是在执行发射任务时仍不可能完全避免故障发生。据不完全统计,自 20 世纪 80 年代起,尽管中国航天加强了质量管理和风险控制,但是 1984~2017 年还是发生了几次较为严重的航天事故,如表 1.1 所示。同样,世界各航天大国由于发动机故障引发的灾难性事故时有发生,2010 年 12 月 25 日,印度 GSLV(Geo-synchronous Satellite Launch Vehicle)- F06 火箭发射后 148 s,发动机出现故障导致火箭最终自毁,价值数亿美元的有效载荷毁于一旦。2011 年 8 月 24 日,俄罗斯 Soyuz - U 号运载火箭在升空 325 s 后,第三级发动机燃料管发生堵塞故障导致飞行任务失败。2013 年 2 月 1 日,由俄罗斯和乌克兰共同研制的天顶- 3SL 运载火箭发射升空 50 s 后,第一级火箭发动机异常关机,携带的 Intersat - 27 通信卫星随火箭一同坠入太平洋[3]。即便是航天强国美国,也发生了多次航天飞机事故及近年来的猎鹰火箭发射事故。由上述惨痛的教训可以看出,使用健康监控系统对发动机进行监控以及时检测出发动机故障,降低故障引起的损失,对提高发动机的安全性和可靠性来说是十分重要的。

作为一种能有效提高液体火箭发动机可靠性和安全性的高新技术,健康监控技术自诞生之日起就受到了高度的重视,并已经发展成为航天推进技术的一个专门领域。特别是 20 世纪 70 年代以来,为了降低航天飞机主发动机(space shuttle main engine, SSME)等液体火箭发动机故障的影响,提高航天飞行的可靠性与安全性,美国国家航空航天局(National Aeronautics and Space Administration, NASA)每年都增加了在健康监控科研与项目管理财政预算方面的投入,并相继研制开发了多种发动机健康监控系统。当前世界主要航天国家,不论是研制新的发动机,还是提高现有发动机的性能,健康监控系统都已成为其中不可缺少的重要组成部分,同时也获得了巨大的收益。例如,NASA 马歇尔飞行中心(Marshall Space Flight Center, MSFC)和波音-卡诺加帕克(Boeing‑Canoga Park, BCP)公司,针对 Block Ⅱ型 SSME 研制了先进健康管理系统(Advanced Health Management System, AHMS)[4,5]。结果表明,与 SSME 型号的改进相比,AHMS 在降低航天飞机升空损失概率方面的效果远远高于 SSME 型号本身改进的效果,航天任务的成功概率提高了近三倍[6,7]。SpaceX 公司在使用猎鹰 9 号火箭运送"龙飞船"执行太空站补给任务时,第一级发动机出现故障,但经过健康监控系统的检测与故障控制,仍然成功将"龙飞船"送达太空站[8,9]。

表 1.1　中国历年严重航天事故统计

发射时间	航天器名称	运载火箭	事故原因
1984.1.29	东方红二号通信卫星	长征三号	三级发动机故障
1991.12.28	东方红二号甲通信卫星	长征三号	三级发动机故障
1996.8.18	中星七号通信卫星	长征三号	三级发动机故障
2002.9.15	PS‑1 科学实验卫星	开拓者一号	发动机故障
2003.9.16	PS‑1 科学实验卫星	开拓者一号	发动机故障
2009.8.31	帕拉帕‑D 通信卫星	长征三号乙	三级发动机故障
2011.8.18	实践十一号科学实验卫星	长征二号丙	二级发动机伺服机构故障
2013.12.9	中巴 CBERS‑32	长征四号	三级发动机故障
2017.7.2	—	长征五号	发动机故障

液体火箭发动机健康监控(health monitoring for liquid-propellant rocket engines, HM 液体火箭发动机)的任务主要包括故障检测(fault detection)、故障隔离(fault isolation)、故障辨识(fault identification)和故障控制(fault control),如图 1.1 所示。

根据国际自动控制联合会(International Federation of Automatic Control, IFAC)

图 1.1　发动机健康监控主要任务与流程

的规定[10],对液体火箭发动机故障可以进行如下定义:由液体火箭发动机测量参数所表征的功能指标或者物理指标发生了不可接受的偏移时,可称发动机发生了故障。故障检测是结合发动机历史和现状采取各种测量、检测、记录分析与判断方法,判断发动机是否出现故障;故障隔离是根据已有信息,判定故障属性、确定故障部位;故障辨识是进一步分析与判断故障的性质和变化特性;故障控制是通过调节发动机关键参数、关闭发动机系统、开启备份系统等措施,确保发动机能够继续完成任务或将故障损害控制到最小[10]。一般而言,故障诊断的任务主要有故障的检测、隔离和辨识。但对于发动机来说,要完成故障辨识是极度艰难的,其主要原因在于: ① 发动机系统的故障种类繁多,故障机制复杂,很难用准确、通用的模型来描述其变化过程; ② 由于地面试车的局限性,难以获取所有故障的数据样本,先验知识缺乏; ③ 一般的故障辨识方法难以适用于液体火箭发动机,其方法的稳定性、适应性和实时性也难以满足发动机的实际工作要求。某些情况下,对液体火箭发动机进行故障辨识,也不是必须要做的工作[1]。因此,很多学者都把故障诊断等同于故障检测与隔离(fault detection and isolation, FDI)[2,4,5,11-14]。本书也认同并采用这一观点,后续讨论所涉及的故障诊断,均指故障检测与隔离。

随着人类对太空领域探索的不断拓展,航天任务对运载火箭的性能要求不断提高,液体火箭发动机特别是正在研发的下一代可重复使用液体火箭发动机(reusable liquid-propellant rocket engines, RLRE),其系统自动化水平越来越高、越来越复杂,研制所需经费也越来越多。在这种形势下,确保发动机能够安全和顺利地完成航天任务就变得十分重要。同时,发动机故障诊断的内涵和理念也不断升级[15-21],人们已不满足于以故障检测与隔离为途径的对发动机状态的被动感知,更希望对其使用故障预测、寿命评估和损伤控制等主动防控手段。对于大型液体火箭发动机特别是下一代可重复使用液体火箭发动机,如果在故障发生初期,尤其是故障还没对整个系统造成严重损害时,就能发现并及时隔离故障,那就可以为故障控制赢得更多时间来防止损害进一步扩大,甚至可以避免故障的发展[22]。为此,越来越多的研究人员对故障预测技术开展了研究[23-26]。目前,在航天航空领域,故障预测(fault prediction)已成为研究热点之一[5,27-33]。

1.2　故障预测的基本概念与内涵

液体火箭发动机工作时的系统状态可分为正常、异常、故障和失效四种[2,13,34]。

① 正常状态是指能够反映液体火箭发动机性能或状态的测量参数保持在设计规范之内,该状态下液体火箭发动机能够实现飞行计划;② 异常状态是指液体火箭发动机的性能指标或者状态指标虽然未超出设计规范,但相对于设计值发生了偏差,例如发动机推力下降、振动幅度增大等,此时发动机依然可以完成任务;③ 故障状态是指由反映液体火箭发动机性能或状态的测量参数超出了设计规范,发生了不可接受的偏移,此状态下液体火箭发动机将不能实现飞行计划;④ 失效状态是指随着故障进一步发展,液体火箭发动机完全丧失完成飞行计划能力的状态。发动机失效是从异常状态到故障状态并进一步发展形成的,如图 1.2 所示,发动机发生了故障但并不等于失效,因为发动机经过故障控制后有时仍有可能完成任务。

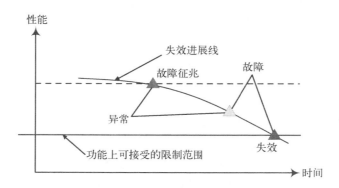

图 1.2　液体火箭发动机失效进展曲线示意图

根据液体火箭发动机的四种不同工作状态,可对液体火箭发动机故障预测进行如下定义,即液体火箭发动机出现故障征兆,但是性能并未产生不可接受的偏移,液体火箭发动机还可完成既定任务。如果在这段时间内,能够判断出发动机将要发生故障,则实现故障预测。

可见,液体火箭发动机故障预测是根据发动机当前工作状态预判发动机是否会发生故障的技术。故障预测与故障检测的不同之处在于:① 从发动机所处性能状态来看,故障检测是在发动机处于故障状态时发现故障,而故障预测是发动机出现故障征兆但性能仍然处于可以接受的规定范围内时,判断故障是否发生;② 从完成的时刻来看,故障检测是在液体火箭发动机的故障完全发生以后被检查出来,故障预测是在液体火箭发动机的故障发生以前就被预测到。传统的故障诊断并不包括故障预测,但是从功能上来看,故障预测能够代替故障检测并为故障隔离提供信息;如果能在完成液体火箭发动机故障预测以后实现液体火箭发动机的故障诊断,甚至是在实现液体火箭发动机故障预测的同时实现液体火箭发动机的故障诊断,那就可以为采取故障控制措施赢得更多的时间,这对提高发动机安全性和可靠性具有重要意义。

在理论研究方面,研究故障预测与隔离的机制、策略和具体方法,有助于突破传统故障诊断方法的限制,拓展其适用对象,在一定程度上解决高阶非线性复杂系统故障预测与隔离问题[35-38]。为此,本书重点研究以过程神经网络(process neural network, PNN)为主的基于数据驱动的故障预测方法,充分利用液体火箭发动机已有数据,结合发动机原理、结构与功能,拓展 PNN 在故障预测与故障隔离领域的适用范围,提高故障预测与隔离的可靠性和适应性,完善液体火箭发动机故障预测理论,为故障控制提供技术支持,进而为液体火箭发动机实现自主健康管理提供理论与方法。

在工程实际应用中,液体火箭发动机故障预测与隔离的价值主要体现在以下几个方面:① 目前,我国液体火箭发动机地面热试车中所采用的故障检测方法较为简单,故障发现概率不高,时效性差并且容易发生误判[39,40],因此,有必要对故障预测与隔离技术进行深入研究,及时、准确地预测出发动机的故障,并采取必要的控制措施,避免由故障引发的恶性事故,保障人员和财产安全;② 在发动机研制和地面试验阶段,发动机的故障分析主要依赖于专家经验和分解测试,不仅费时费力,还增加了研制费用[39-48],因此有必要开展故障预测与隔离技术研究,实现对发动机故障的有效定位与分析,以便改进产品,提高质量;③ 目前,我国对飞行任务中液体火箭发动机的监控手段主要依赖遥测数据和地面控制,随着时间的推移,数据延时问题会更加突出[44,49,50],因此,需要研究高效可靠的故障预测与隔离方法,为开发箭载健康监控系统奠定基础;④ 深入研究故障预测与隔离技术,有助于提高下一代可重复使用液体火箭发动机的安全性和可靠性,并为飞行后维修工作和寿命评估提供必需的信息;⑤ 研究切实可靠的故障预测与隔离方法,不仅可以提高液体火箭发动机的安全性和可靠性,还能够为其他复杂非线性系统故障诊断研究提供借鉴与指导。

液体火箭发动机具有结构复杂、工况多变、故障机制复杂、数据样本稀少等特点,这给发动机故障预测和故障隔离增加了难度。其主要的限制因素有[1,2,39,41,49,51-56]如下方面。

(1)液体火箭发动机是一种复杂的流体-机械动力-热力系统,从控制角度来看,可将其视为一种复杂的高阶非线性复杂动态系统,而基于一般动态系统开发实现的各类故障预测与隔离方法很难直接应用于液体火箭发动机。

(2)虽然液体火箭发动机在使用之前要经过多次地面试验,但是由于试验条件与试验次数限制,获得的故障样本较少,某些故障也很难进行实验模拟,可用于故障预测和隔离的先验信息较少。

(3)液体火箭发动机工作时间短,一些故障发生发展迅速,这对故障预测与隔离方法的时效性提出了极高的要求。

(4)液体火箭发动机的故障原因涉及材料特性变化、热物理过程和化学反应等多种复杂过程,故障机制复杂,难以通过准确的模型来刻画其发展变化趋势,使故障预测与隔离技术的选用受到了极大的限制。

(5) 液体火箭发动机的工作时序由发动机启动、工况变化调节、主级运行与关闭发动机等多种情况构成,其工作过程十分复杂,而且不同情况下的故障表现形式各异,即使微小的扰动有时也会使故障模式发生漂移其至完全改变。

在故障样本缺乏、测量数据复杂、诊断知识匮乏和故障模式多变的条件下,如何准确、可靠地对液体火箭发动机进行故障预测与隔离,都是故障预测与隔离技术需面对的重大挑战。

1.3 国内外研究现状

健康监控技术经过多年长期发展,在机械电子、航空和航天等领域都取得了显著的进步,开发和研制的各类应用的系统,在许多领域的实践中都取得了极大的成功,节约了大量的人力和自然资源并获得了良好的经济效益。可以说,健康监控理论体系完善,基本方法成熟[14,34,57-74],故障预测属于健康监控领域新的方向,本节重点从故障预测技术、方法和应用系统的发展状况进行分析。

1.3.1 故障预测方法研究现状

故障预测是使用一定的方法对系统未来时刻的运行状态进行前期评估,是根据系统当前的实际情况对未来会出现的情况进行推断,所以本节所讨论的故障预测也属于文献中所称的广义预测范畴[75-77]。故障预测是针对系统早期故障状态进行预测与判断的技术,具有如下特点[16,31,32,75,78-80]:① 从使用效果上看,它具有系统状态监测、故障检测、失效预警等功能;② 从方法构成上看,它是集数据监测、数据分析、信息挖掘、系统状态和可靠性评估等方法于一体的交叉学科,具有多方法交叉融合应用的特性;③ 从内涵与理念上看,它是一般故障检测方法概念上的整体提升,对故障具有预示能力,可以预先判断和分析故障发生与发展变化的规律;④ 在应用领域上,已广泛用于建筑、冶金、电力、石油、化工等民用基础行业,同时在航空、航天与武器系统等军事领域也有着广泛的应用。

伴随着现代电子科技及信息技术的发展,故障预测技术得到了快速发展,基于不同基础理论涌现出了大批故障预测方法。来自不同领域的研究人员都根据各自行业的实际情况对故障预报方法进行了分类,其分类方式也千差万别。本节按照解决实际问题所涉及的不同背景内涵、理论特征和应用条件,将故障预测方法分为基于模型的方法、基于知识的方法和基于数据的方法[81-83]。其中,基于模型的方法往往具有最好的预测精度,但是其使用难度与成本也相应较大,并且适用性较差。基于知识的方法适用性最好且使用难度较低,但是预测精度相对较差。基于数据的方法以预测对象的测量数据为基础,通过发掘数据中各类信息的内在联系进行故障预测,因而具有相对适中的使用难度和成本,并且具有相对较高的精度。三类方法的概念和相互关系如图 1.3 所示。

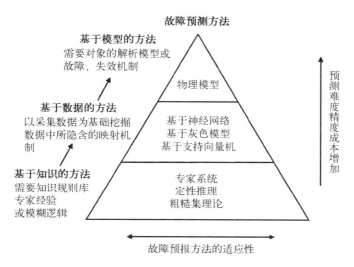

图 1.3 故障预测方法分类

1. 基于模型的方法

应用基于模型的方法解决问题的前提条件是被预测对象能够被精确的数学模型所描述,此类方法通常能够反映对象系统的核心特征,可以准确地刻画出故障的发展变化趋势。其基本原理是,根据系统运行规律,建立系统输入-输出和状态之间的解析关系,通过对比分析系统实际输出与模型解析输出之间的残差信息进行故障预测。这类模型往往经过大量的试验与数据验证,具有较高的精度,随着对系统故障机制的深入理解可以不断对模型进行修正,预测精度也能够逐渐提高。具有代表性的是随机滤波理论,主要有 Kalman filter 算法、Strong tracking filter 算法和 Particle filter 算法三大类。

1) Kalman filter 算法

Kalman filter 以最小无偏方差为准则,是一种线性滤波器,对系统与其模型之间偏差的小值进行递推估计,具有较高的预测精度并且能够较好处理系统的不确定性[24]。但是,随着递推过程中各种误差的积累,卡尔曼滤波器会产生计算发散的问题。为此,有学者先后提出了 Square-root filter 算法[84]、UD factorization-based filter 算法[85] 和 Singular value decomposition filter 算法[86] 等算法,提高了该类方法的稳定性。应用 Kalman filter 算法的首要条件是各类干扰的规律与特性已知,但是在现实应用很难获取相关干扰的解析形式,而且干扰的规律特性也不可能是一直不变的,Kalman filter 不具备应对干扰变化的能力,对于不确定的扰动容易出现滤波发散导致精度下降[87,88]。因此,Kalman filter 无法处理非线性系统预测问题,也无法处理系统与模型之间偏差不确定的情况。

2)Strong tracking filter 算法

针对 Kalman filter 难以处理非线性系统故障预测的问题,Lu 和 Tangirala 等[89,90]提出了一种基于 Strong tracking filter 的故障预测方法。Strong tracking filter 使用次优渐消因子对偏差进行自适应跟踪,可以解决一类非线性系统的故障预测问题。该方法具有如下特点[90-94]:① 解析模型的输出误差类型可以未知,滤波器能够对误差模式进行自动识别;② 能够处理非线性系统模型;③ 滤波器能够同时进行模型输出误差辨识与系统状态预测;④ 采用最优估计准则,避免了对状态方差阵的递推运算,具有较高的计算效率。由于滤波器的最优估计准则只能依靠经验选取,建立起来比较困难。另外,Strong tracking filter 是一种批处理算法,实现困难,在实际工程中应用并不广泛。

3)Particle filter 算法

为解决非线性动态系统故障概率的预测问题,陈敏泽于 2005 年对 Particle filter 的预测方法进行了研究,在此基础上对系统故障概率的预测问题进行了详细分析[95]。2008 年,徐正国等采用 Particle filter 实现了对动态系统的可靠性预测[96]。由于 Particle filter 结合了蒙特卡罗随机采样方法和贝叶斯滤波方法的优点,摆脱了高斯假设的限制,能够方便快捷地处理非线性问题。但是,在实际应用中 Particle filter 还存在以下问题[97,98]:① 经过长时间的迭代计算后,Particle filter 会出现粒子退化,导致计算样本枯竭;② 在处理多维问题时,需要处理的粒子数量急剧增加,降低了滤波器的计算速度,方法的实时性较差;③ 粒子滤波器在使用过程中涉及概率密度函数的选取问题,由于实际工程中很难获取高精度的概率密度函数模型,算法的适应性还有待提高。

基于模型驱动的故障预测方法在理论上是完备的,但是其故障预测的准确性与可靠性取决于系统数学模型的精度。对一般的小型机电系统,例如,旋转机构与轴承荷重机械等,其结构与工作过程简单、系统输入−输出关系明确,可以采用基于模型驱动的故障预测方法。但是,对于热流体机械强耦合、工况变化大、组件众多的液体火箭发动机来说,建立其工作过程精确数学模型十分困难,特别是其故障机制复杂,很难建立能够描述发动机故障发展变化的数学物理模型。即使可以建立精确性相对较高的数学模型,但由于发动机故障模型多变,要进行故障预测就需要对每一种工况和故障建立相应的观测器,故障预测的计算复杂度与时间花费会急剧增加,很难满足对液体火箭发动机工作过程进行实时在线故障预测的需求。尽管如此,对于液体火箭发动机的事后分析而言,该类方法仍具有深入研究的价值。

2. 基于知识的方法

基于知识的方法是根据被预测对象各个组成部分之间的相互联系,构建系统的各类知识规则库;根据知识规则库,采用推理机并在一定的推理机制下对系统将会出现的情况进行判断。此类方法不需要已知被测对象的解析模型,只是采用相关知识确立故障预测规则,对被测系统正常和故障表现形式进行归纳和总结,在此基础上,对系统未来的状态进行预测。目前,常用的基于知识的方法主要有专家系统和粗糙集理论。

1) 专家系统

专家系统是将专家、工程师、操作员和维修员等系统相关领域专家所掌握的知识转换成故障预测的规则,据此进行故障预测。英国学者 Mile 于 1991 年开发了一种用于钢厂生产故障预测的专家系统,并进行了实时数据验证[99]。1999 年,Angeli等针对液压系统建立专家系统并进行了故障预测试验[100]。但是积累专家经验是一个长期的过程,而且在专家库规则以外的故障是无法预测的,因此有学者将专家系统与其他方法结合使用以获得更好的效果。张涛等将径向基神经网络和专家系统相结合对机械系统进行了短期故障预测试验,并取得了成功[101]。2005 年,范敏等将 Kalman filter 算法与专家系统相结合,开发了一种混合故障预测算法[102],并通过计算仿真试验对该算法进行了验证。

2) 粗糙集理论

粗糙集理论最早由波兰理工大学的 Pawlak 教授提出,主要用于解决具有模糊知识、不确定学习和归纳、不可分辨关系等不确定特性的数学问题。该法以对象系统的观测数据为基础,对数据信息等知识进行归纳和分类并建立相应的知识库,对不准确或不完备的知识用已建立的知识库中的知识进行近似的描述,通过对近似描述的分析来得到对象系统的未来状态。该类方法建立的决策表能够有效分别出系统的冗余知识,挖掘系统各部之间的内在关系,归纳出系统的本质特征。1999年,Pena 等针对飞机系统故障,采用粗糙集理论对传感器数据进行分析,提取知识规则并建立了相应的故障知识库[103,104],在此基础上对飞行部件的表现行为进行了推理,实现了飞机部件的故障预测。粗糙集是从大量无序杂乱的数据中提取知识规则,建立专集知识规则库,通常需要与其他优化技术融合,提高数据处理效率。2006 年,张东亮将模糊规则与粗糙集理论相结合[105],有效地提高了计算效率。2009 年,杨海龙和孙健国将粒子群优化算法用于数据信息的分类和粗糙集知识库的建立,采用径向基神经网络建立推理机[106],并通过航空发动机数据对该方法进行了验证。研究结果表明,该法极大地提高了应用粗糙集理论进行故障预测的效率。

基于知识的方法具有逻辑清晰、使用简单和计算速度快等优点,但是在提取和建立知识规则库时,容易产生大量冗余信息,通常需要与其他方法结合使用。另外,在使用该类方法进行故障预测时,会产生大量虚假解,故障预测的准确性有待提高。

因此,该方法往往需要结合系统的定量信息,才能获得更为准确的故障预测结果。

3. 基于数据的方法

在实际工程中,建立复杂系统的精确数学模型往往比较困难或者计算成本巨大难以实现。此时,在系统试验、使用和维护等阶段的测量数据就成为分析系统故障原因、监测系统状态、预测系统寿命的主要依据。可见,研究基于数据的方法,对于解决现实的复杂系统故障预测问题,更具有工程意义。基于数据方法是在对象系统大量的观测数据的基础上,根据一定的信息挖掘理论来建立相应的故障预测模型,预测模型通过对样本的学习来挖掘数据中内在的信息,逼近其中的所隐含的映射机制。预测时,采用学习完成的模型对输入样本进行计算分析,进而估计系统未来时刻的状态。此类方法主要包括灰色模型理论、支持向量机方法、神经网络(artificial neural networks,ANN)方法和时间序列分析方法等。

1)灰色模型

应用灰色模型进行故障预测的基本思想是,首先通过累加生成法、累减生成法或者平均生成法等方法,对历史测量数据构成的时间序列进行重构;按照灰色模型的相关理论方法构建对象系统的故障预测模型;通过学习样本对上述模型进行训练,最终得到满意设计要求的故障预测模型;最后采用上述模型根据输入的数据对系统进行故障预测[107]。灰色模型将随机变量处理成在给定范围内可变的灰色变量,不需要采用统计方法处理灰色变量,就可以直接挖掘数据中的规律,在处理不确定性问题和小样本问题上具有极强的适应性[108-110]。1999 年,程惠涛等利用灰色模型对空间推进系性能参数进行了预测[111],并进而建立故障预测模型。2001年,杨江天等通过灰色模型对机械系统多个参数进行预测[112],在此基础上实现了对滚动轴承的故障预测。2010 年,Vichare 等采用灰色模型对电子系统故障进行了预测[113],并通过了实验验证。2012 年,彭宇等提出了一种动态灰色模型故障预测方法用于解决涡轮增压发动机的故障预测问题[114],该方法实现了灰色模型对非线性系统的故障预测。传统的灰色模型,采用对历史数据构成的时间序列进行样本重构的办法来降低其随机特性,进而挖掘出数据中隐含的信息。但是,这样容易破坏原始时间序列自身的周期性和多种趋势特性,降低了灰色模型的鲁棒性。在解决实际工程问题时,需要计算时间序列之间的灰色关联度,并以此来反映序列之间相互联系的程度。但在实际计算时,只考虑了序列信息之间的相似性或相近性,并不能挖掘出序列之间的隐含联系,因而模型的预测精度相对较低。

2)支持向量机

基于支持向量机故障预测方法的基本思想是,在采集数据的基础上,应用支持向量回归技术,建立系统输入-输出模型和故障阈值[115-118],并通过对样本的学习来优化上述模型。使用时,通过对输入样本的计算得到系统输出,比较输出是否超出故障阈值来判断系统是否出现故障。作为一种机器学习方法,支持向量机本质上是一个二次优化问题,具有计算便捷、可以得到全局最优解、不存在维数灾难和推广能力强等多个优点[119-122]。文献[123]研究了基于时间序列的故障预测方法,对支持向量机模型中不同核函数的组合应用进行了重点分析,在对样本进行学习时采用遗传算法获取最优模型,极大地提高计算效率,并通过惯导系统故障预测试验验证了上述方法。文献[124]采用贝叶斯风险估计的方法计算了系统故障阈值,并使用支持向量机的方法建立了系统输入-输出模型,实现了对蓄电池系统的故障预测。文献[125]提出一种支持向量机回归的故障预测方法,通过对时间序列进行聚类分析提取正常模型,通过分析模型的预测值与实际测量值之间的残差,实现了对电子系统故障趋势的预测。文献[126]将支持向量机方法应用于化学反应过程关键参数的预测分析。文献[29]分别采用支持向量机回归方法和最小二乘支持向量机回归估计法对火箭发动机的推力进行了预测,通过与推力阈值进行比较分析判断发动机是否会发动故障。支持向量机方法原本用来解决分类处理和模式识别问题,其在故障预测中的应用属于一个较新的研究方向。应用该类方法解决现实工程问题时,还有以下几点有待深入研究:① 传统的支持向量机模型为多输入单输出,但是在实际的故障预测中,很多数据样本的模式为多输入多输出或者是有标定输入无标定输出,如何针对上述形式建立对应预测模型,还有待深入研究;② 支持向量机的预测模型多为离线模型,针对在线预测的研究相对较少,有关实时跟踪预测技术需要进一步深入研究;③ 采用支持向量机的方法,可以从数据中提取一些衡量故障的指标,但是如何根据衡量指标,确定故障偏离正常状态的程度,还需要进一步研究。

3)人工神经网络

与灰色模型方法类似,基于 ANN 的方法也是根据采集数据构成的时间序列来建立模型;通过对数据样本的学习,确定网络节点之间的权值与网络阈值,从而实现 ANN 模型的训练与优化;通过比较 ANN 输出的时间序列预测值与故障阈值的关系来判断系统未来时刻的状态以及是否会发生故障。ANN 本质上是一种运算模型,ANN 由一定数量的神经元通过激励函数相互连接而成,学习获取的信息由网络连接权值存储。ANN 以上述方式来模拟人脑对数据信息记忆、判断和分析的过程,具有极强的非线性映射能力[127]。Werbos 等于 1987 年首先探索了 ANN 用于时间序列预测的可能性[128],并采用 ANN 对计算机产生的时间序列进行了预测试验,取得了较好的效果。1986 年,Rumelhart 等提出了 BP(back propagation)神经网络[129]之后,Werbos 证实 BP 神经网络在处理时间序列预测问题上,相比于传统的回归分析和 Box - Jenkins 方法,具有更高的精度和适应性[130]。自此,人们将各种 ANN 用于解决时间序列预测问题,这为应用 ANN 解决复杂系统故障预测问题奠定了坚实的基础。1998 年,Aiguo 等利用径向基神经网络模型对非线性时间序列进行了预测[131],并通过试验验证了有效性。2001 年,唐斌等在研究捷变频雷达频率预测问题时,将频率捷变频雷达脉冲的频率变化序列预测问题转换为伪随机序列预测问题,利用基于免疫进化算法的神经网络对未来时刻的雷达脉冲的频率进行预测,通过仿真实验,验证了方法的有效性[132]。2007 年,陈世立等将 BP 神经网络用于冲压发动机性能预测[133],通过对推力变化的预测实现了故障预测。由于 ANN 具有良好的非线性映射能力,ANN 成为 20 世纪 90 年代的研究热点,但是这一时期神经网络还存在网络训练困难、计算量较大等问题。为此,很多学者提出了改进的 ANN 模型和集成模型,用于提高网络预测精度和学习效率。例如,基于遗传优化的 ANN 模型、基于粒子群优化的 ANN 模型、基于聚类的 ANN 模型、级联神经网络模型、多层神经网络模型等等[134]。2008 年,蔡桂芳研究了模糊技术与人工神经相结合的预测技术[135],并通过仿真实验对方法的有效性进行了验证。2012 年,刘永建等将 ANN 用于航空发动机的故障预测[136],并取得了成功。2013 年,季丽丽等通过免疫算法对 ANN 进行优化,并用于解决数控机床刀具的故障预测问题[137]。上述方法采用不同的技术手段对 ANN 方法进行了改进,提高了网络学习与优化效率,预测精度得到了不同程度的提高。但是,ANN 模型在训练和优化的过程中,往往难以得到全局最优解,导致 ANN 网络产生欠学习或过学习的问题。另外,在对时间序列进行预测时,ANN 通常将时间信息转换成空间信息进行处理,这样往往使得空间维数增大,运算量急剧增长。

基于数据的故障预测方法,不必已知对象系统的解析模型或者知识信息,仅需要系统的测量数据,采用信息提取和数据挖掘技术,发掘历史数据中的内在规律,不需要较高的计算成本又能保证一定的预测精度,是一类非常适用于解决实际工程问题的方法。但是,在某些情况下,由于设备的故障数据和关键部件的历史数据获取困难或者代价较大,特别是液体火箭发动机系统,其测量数据具有很强的非平稳、非线性和突变性等特点,一般的基于数据的方法难以建立起有效故障预测模型,还需改进原有算法或开发新的算法来解决上述问题。

随着传感器技术和大数据技术的发展,数据挖掘技术得到了快速发展,基于数据的故障预测技术也重新得到了研究人员的重视。由于传感器的采集速度和精度得到了大幅度提高,在线监控数据的获取变得更加容易。伴随着海量数据存储与提取技术的快速进步,大数据和超大数据的处理也不再是一个难题。这些技术的发展与进步为基于数据的故障预测方法的使用提供了更加便利的条件。不同于基于模型和基于知识的方法,基于数据驱动的方法不仅可以实现对历史数据的挖掘分析,还可以实现对在线数据的分析和利用。通过数据可视化方法,还能够更加直观地对系统的实时状态进行观察,特别适合解决在线故障预测问题和处理非线性、非平稳和时变性较强的数据。目前,基于数据的故障预测方法已重新成为研究热点。但是,实际应用于液体火箭发动机的相关方法还鲜见报道。

对于基于数据的故障预测方法来说,以下几类数据信息可以为实现液体火箭发动机的故障预测提供重要支撑。

（1）数据的时间信息。很多采集数据都包含有一定的时间信息，特别是航空航天装置或设备的很多工作过程都可以看成是复杂非线性的时变过程[138,139]。例如，航空发动机转子振动和排气温度变化、航天器热平衡温度、液体火箭发动机涡轮泵扬程变化等。这些采集的数据所反映的变化过程，往往是一个时变过程或者是跟时间有关的变化过程。传统的基于数据的方法，在处理上述问题时，或者忽略时间的影响，或者把连续过程转化成几何点式的空间信息；前者往往会降低故障预测的准确性，后者往往会加大计算成本。因此，如何有效挖掘和使用数据的时间信息是一个急需解决和深入研究分析的重要课题。

（2）数据的位置信息。对于正常数据与故障数据都是平稳的情况，可以简单地通过数据的位置分布来进行故障预测与隔离[140]。这类方法通过数据位置的变化，来判断系统是否会发生故障，通过比较当前故障数据与历史故障数据的位置距离，来确定故障的类型。一般可以将距离最小的故障模式判定为当前数据的故障模式。但是这类方法还有以下几个问题需要解决：① 实际工程应用中，很多数据是非平稳的，这样正常数据和故障数据由于幅值不同，有可能数据位置相互重叠，给故障预测和故障隔离带来很大的困难；② 对于很多复杂系统来说，即使是同种故障，由于其故障数据幅值不同，会造成数据位置信息分离，很容易将相同的故障误判为不同；③ 要想正确判断故障类型，就必须掌握所有故障数据的位置信息，这在实际工程中很难实现。例如，当液体火箭发动机进行地面热试车时，在发生严重故障时会马上关机，导致故障数据获取困难。

（3）数据的方向信息。相对于数据的位置信息，数据的方向信息具有更为可靠的利用价值。由于数据的方向对数据的幅值变化不敏感，所以不会受到数据幅值影响所产生误判[141]。通过分析不同故障数据之间的方向信息，可以有效地区分出不同故障模式，为实现故障隔离奠定坚实的基础。

（4）数据的可视化信息。数据可视化是一种综合了专家领域知识、统计学与计算机技术的交叉技术，其实现了数据从抽象化到具象化的转变[142]。数据可视化信息可以实现高维信息的低维可视化，能够为操作人员带来直观的视觉信息，通过结合相关领域知识，辅助专业人员做出正确判断。

本书采用 PNN 方法并基于上述几种数据信息，对液体火箭发动机开展故障预测与故障隔离方法的研究。在研究中，基于液体火箭发动机工作过程和地面试车数据的特点，针对数据特性和 PNN 在实际应用中出现的各种问题，提出相应的故障预测方法。

1.3.2 PNN 研究现状

虽然传统 ANN 能够较好地实现空间信息的加权与聚合，具有良好的非线性映射能力，但是还缺乏对时间信息的有效利用。传统 ANN 的网络输入与输出之间是一种没有考虑信息延迟和时间累积效应的瞬态关系,即 ANN 的输出仅由同一时刻的网络输入所决定,与该时刻之前的任何输入都没有关联。因此,在使用传统 ANN 处理时间序列预测问题时,常常将时间信息转化成空间的几何点作为网络的输入,这样不仅没有充分利用时间信息,还会造成特征空间维数增大,导致计算量急剧增长。为克服传统 ANN 难以有效利用时间信息的缺陷,何新贵院士创造性地提出了 PNN 的概念和相关理论,并于 2000 年发表关于 PNN 的若干研究成果[143]。PNN 的输入与输出既可以是时变过程也可以是时变函数,由于过程神经元具有时间聚合与累积作用,使得 PNN 具有了可以同时处理时空二维信息的能力[144]。

1. 过程神经元

如图 1.4 所示,在组成结构上,过程神经元与 ANN 的神经元十分相似,但是过程神经元的输入 $x_i(t)$、输出 $y(t)$ 和相应的连接权函数 $\omega_i(t)$($i=1,2,\cdots,n$),可以是时变函数或者过程,其中 $f(\cdot)$ 为激励函数,则系统输出可以表示为[145]

$$y(t)=f\left\{\left[\int_0^t\Big[\sum_{i=1}^n\omega_i(\tau)x_i(\tau)\,\mathrm{d}\tau\Big]-\theta\right\}\right.\tag{1.1}$$

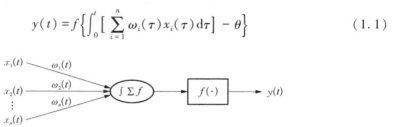

图 1.4　过程神经元示意图

当式(1.1)中的 t 取常数时,过程神经元与 ANN 的神经元是等价的。显然,过程神经元具有更为普适的意义,ANN 的神经元可以看成过程神经元在时不变条件下的一个特例。

2. 过程神经网络

将若一定数量的过程神经元和 ANN 神经元,按照一定的拓扑结构所构建的网络即为 PNN。与传统 ANN 不同,PNN 的输入没有瞬时同步输入的限制,适用范围更为广泛。

图 1.5 所示的是一种三层结构的 PNN,仅含一个隐层,其拓扑结构为 $n-m-1$,设 PNN 的输入向量为 $X(t)=[x_1(t),x_2(t),\cdots,x_n(t)]$,输出为 $y(t)$,$\omega_{ij}(t)$($i=1,2,\cdots,n;j=1,2,\cdots,m$)为输入层与隐层过程神经元的连接权函数,$f(\cdot)$ 为隐层激励函数,v_j 为隐层到输出层连接权值,输出层激励函数为 $g(\cdot)$,阈值为 θ,则网络的输入与输出关系为

$$y(t)=g\left\{\sum_{j=1}^m v_j f\Big[\sum_{i=1}^n\int_0^T\omega_{ij}(t)x_i(t)\,\mathrm{d}t-\theta_j\Big]-\theta\right\}\tag{1.2}$$

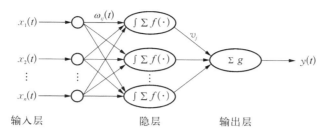

图 1.5 三层结构 PNN 示意图

何新贵院士阐明了 PNN 的相关概念[143]，并对 PNN 解的存在性、连续性、逼近能力和计算能力等进行了系统的论证，并已经证明[145]：① 对任意一个连续泛函，必定存在一个能以任意精度逼近这个泛函的 PNN；② PNN 的计算能力与图灵机相同。文献[146]针对 PNN 学习复杂度过高的问题，提出一种基于正交基函数展开的网络学习方法；通过在网络输入函数空间引入合适的正交基函数，在一定精度下，将输入函数、连接权函数表示为引入正交基函数的展开式，并利用基函数的正交性简化时空聚合运算过程，有效地提高了 PNN 的学习效率和适用性，为 PNN 的实际应用奠定了坚实的基础。

经过多年的理论研究和实践探索，PNN 的理论体系日渐完善，应用领域不断拓展，特别是在复杂系统状态辨识和故障预测领域[28,145,147-149]，由于其具有容错性好、预测精度高和自适应性强等特点，PNN 得到了广泛应用并取得了一系列的研究成果。文献[150]针对非线性、非平稳时间序列预测问题，提出了一种单隐层前馈 PNN，为使用 PNN 解决复杂系统状态预测问题提供了思路。文献[27]采用PNN 对飞行器流体状态进行了预测，进而实现了对飞行器故障的预测。文献[151]针对复杂系统状态预测问题，提出了一种级联 PNN，并通过仿真试验验证了有效性。文献[152]采用离散输入 PNN，建立了油井水淹层动态预测模型，解决了油井水淹故障预测问题。文献[153]针对航空发动机状态预测问题，建立基于PNN 的发动机性能预测模型，实现对航空发动机关键参数和故障的预测。文献[154,155]针对航空发动机振动趋势，分别采用双隐层 PNN 和集成 PNN 建立了预测模型，实现了对发动机振动趋势的状态预测，并在此基础上实现了对发动机故障的早期识别和预测。

上述理论成果为使用 PNN 解决复杂非线性时变系统的故障预测问题奠定了基础，具有重要的理论意义和工程价值。但是，相对于其他故障预测方法，PNN 提出的时间还比较短，尤其是在故障预测领域，其理论体系和实际方法还需要进一步完善和丰富。对于液体火箭发动机来说，由于其故障机理复杂、工况变化大、各个部件之间耦合性强，一般的 PNN 故障预测方法还难以满足实际工程需要。因此，必须要结合液体火箭发动机的工作原理和数据特点，有针对性开展液体火箭发动机的故障预测方法研究,具体有下述几个方面的问题需要深入分析与研究。

(1) 液体火箭发动机的工作时间相对较短、故障发展迅速,需要建立快速可靠的 PNN 故障预测模型,以满足工程实际要求。

(2) 液体火箭发动机的结构复杂、工作环境恶劣,即使工况相同,其工作状态也会有所差别。因此,有必要研究提高 PNN 适应性和预测精度的方法,以满足不同条件下的故障预测需求。

(3) 液体火箭发动机的采集数据具有非平稳与非线性等特性,因此有必要对样本的选取方法和提高 PNN 泛化能力的方法进行深入研究,发展高效稳定的网络训练与学习算法。

(4) 与传统的 ANN 一样,PNN 预测模型多为离线模型,训练完成后网络结构参数不会变化,不能够根据更新样本进行调整,难以有效利用更新的数据信息,当用作长时间预测时会产生较大偏差。为此,需要研究 PNN 增量学习方法,提高网络预测精度和适应能力。

(5) 由于理论方法的局限性,单一的 PNN 模型还难以有效地解决液体火箭发动机工况变化较大或者工况转换情况下的预测问题,需要开展多 PNN 故障预测模型组合应用方法与集成故障预测方法的研究,以提高故障预测的鲁棒性和准确性。

1.3.3 故障预测的应用

故障预测技术最早见于"预测与健康管理"(prognostic and health management, PHM)系统[156,157],其用于预测和识别故障,为设备保障和维修制定策略,以减少设备维护人力需求、增加设备使用次数、实现设备的自主保障。预测与健康管理的概念,最早由美国联合攻击战斗机(Joint Strike Fighter, JSF)项目办公室的 Malley 和 Hess 等提出[158-160],用于美国海军 A‐7E 飞机 TF‐41 发动机状态监控。PHM 系统需要实现的主要功能有状态预测、故障诊断和健康管理。作为 PHM 的核心技术与主要功能,故障预测方法的应用范围,已从最初的战斗机发动机扩展到飞机整体、大型舰船、地面装甲车辆等军用武器系统,以及电力、水力、航天运载器等大型民用设备中,并以此为技术支撑,引领了军用和民用领域装备、设备系统维修与保障体制的重大变革。

2000 年,Hall 等在 IEEE 飞行器研究进展会议上,提出使用发动机状态监控系统(inflight engine condition monitoring system, IEC‐MS)[161],对 F/A‐18E 战斗机的发动机进行异常检测。通过对 40 架战斗机超过 15 000 小时严格的飞行试验,验证该系统的有效性。试验结果表明,该系统能够 100% 检测出发动机异常,并且具有无虚警率的出色表现。但是 IEC‐MS 并没真正实现对发动机的故障预测,只是实现了对发动机故障状态的检测。

2001 年,波音公司研制了一种三推理机架构的 PHM 系统[162],包括异常推理机、诊断推理机和预测推理机。异常推理机用于识别系统偏离标准状态的程度,能够用于识别与检测早期故障、间歇故障和突发故障;诊断推理机用于判定故障模式与确定故障发生部位;预测推理机用于预测和判断系统的健康状态,并对其的使用寿命与维护代价进行评估。

2004 年,Hess 等开发了一种基于分层区域状态预测的健康管理系统,根据先进传感器的布置,开发了相应的智能预测与诊断算法[163],用于 F35 联合攻击战斗机的发动机 F135 的状态监控。该系统实现了对 F135 的故障预测,F35 飞机也是首例整机实现状态监控的先进战机。

2010 年,Honeywell 公司针对航天发射载具,提出一种健康监控与后勤综合管理系统框架[164](Integrated System Health Management and Affordable Logistics,ISHM)。该系统通过离线算法对发射载具发射前、发射中和发射后全过程进行状态监测、故障预测、故障诊断与健康评估。该系统不仅能够用于保障发射载具和地面系统的安全,还可以综合考虑后勤管理成本,在确保发射任务安全可靠的同时,最大限度地降低后勤维护费用。

目前,以预测和诊断为核心的 PHM 技术,主要成熟应用于航空发动机,例如,AH - 64 阿帕奇武装直升机、UH - 60 运输直升机、UCAV 无人作战飞机、RQ - 7A/B 影子 200 战术无人机及 F22 猛禽多功能战斗机发动机系统。PHM 技术甚至成为第五代先进战斗机的重要标志[165]。相对于国外比较成熟的 PHM 技术与系统,我国的研究工作与研究成果比发达国落后了约 10 年,并且绝大部分的成果都不同程度地借鉴了国外的方法和技术,很少有自主创新性的理论和研究成果。在国内,最早展开 PHM 研究工作的是北京航空航天大学的可靠性工程研究所,其在飞行器领域开展了故障预测算法、智能诊断模型等方向的探索性研究[166]。2008 年,王晗中等针对雷达装备,采用多种算法构建了用于雷达维修保障的 PHM 系统[167]。2009 年,罗华和赵四军等基于逻辑推理等基于知识驱动的算法,建立了小型无人机和飞机液压泵源的 PHM 系统[168,169]。2010 年,北京航空航天大学的赵四军等针对航空发动机系统,建立了基于 ANN 等智能算法的 PHM 系统[169]。2011 年,国防科学技术大学的夏智勋等针对飞机装备,建立了遗传算法与 ANN 相结合的故障预测系统[170],并通过仿真实验对该方法进行了验证,结果表明该方法可以有效地实现对装备系统的故障预测。2012 年,范庚等为解决样本匮乏条件下的故障预测问题,将灰色模型算法与支持向量回归算法相结合,建立小数据样本故障预测模型[171],实验结果显示该方法具有比较理想的预测精度和鲁棒性。

综上所述,国内外的故障预测技术多集中于航空发动机,专门针对液体火箭发动机的故障预测技术还不多见。相对于国外各个航天大国所研制的各类先进PHM 系统,我国用于液体火箭发动机的 PHM 技术还存在诸多不足,尤其难以满足下一代可重复使用液体火箭发动机对系统安全性、可靠性、重复使用和频繁发射的需求。

参考文献

[1] 吴建军,黄强,程玉强,等.液体火箭发动机故障检测诊断理论与方法[M].北京:国防工业出版社,2013.

[2] 宋征宇.运载火箭远程故障诊断技术综述[J].宇航学报,2016,3(2):135－144.

[3] Li W, Li P, Zou Y. Review and Future Trend of Space Propulsion Technique Using Hydrocarbon Propellants[J]. Journal of Astronautics, 2015, 36(3):243－252.

[4] 王卫民,贺冬春.故障诊断知识建模及系统[J].计算机应用与软件,2016, 12(1):28－30.

[5] Zhang J K, Dai J, Zhao W, et al. Research on Architecture of Prognostics and Health Management of Reusable Launch Vehicle[J]. Computer Measurement & Control, 2015, 23(6):18－23.

[6] Pettit C D, Barkhoudarian S, Daumann A G Jr, et al. Reusable Rocket Engine Advanced Health Management System:Architecture and Technology Evaluation Summary[R]. AIAA 99-2527, 1999.

[7] Pettit C D, Barkhoudarian S, Daumann A G Jr, et al. Reusable Rocket Engine Advanced Health Management System:Architecture and Technology Evaluation[R]. NASA 98－45000, 1998.

[8] 晓柯.回收猎鹰-9火箭那些事[J].国际太空,2015, 5(3):52－59.

[9] 江山."猎鹰"9火箭发射"龙"式货运船[J].太空探索,2014,5(6):12.

[10] Chen J, Patton R J. Robust Model-based Fault Diagnosis for Dynamic Systems[M]. Berlin:Springer Publishing Company, 2012.

[11] Ding S X. Model-based Fault Diagnosis Techniques:Design Schemes, Algorithms and Tools[M]. 2nd ed. London:Springer-Verlag, 2013.

[12] 岑朝辉.卫星姿态控制系统中的故障诊断研究[D].武汉:华中科技大学,2011.

[13] 龚川森,杜小阳,周强,等.航空发动机故障诊断方法及测试流程分析[J].科技创新与应用,2016,8(04):4.

[14] Palade V, Bocaniala C D, Jain L. Computational Intelligence in Fault Diagnosis[M]. London:Springer-Verlag, 2010.

[15] 晏政.航天器推进系统基于定性模型的故障诊断方法研究[D].长沙:国防科学技术大学,2012.

[16] Qin S J. Survey on Data-driven Industrial Process Monitoring and Diagnosis[J]. Annual Reviews in Control, 2012, 36(2):220－234.

[17] 夏鲁瑞.液体火箭发动机涡轮泵健康监控关键技术及系统研究[D].长沙:国防科学技术大学,2010.

[18] Patcha A, Park J M. An Overview of Anomaly Detection Techniques:Existing Solutions and Latest Technological Trends[J]. Computer Networks, 2007, 51(12):3448－3470.

[19] 胡雷.面向飞行器健康管理的新异类检测方法研究[D].长沙:国防科学技术大学,2010.

[20]　孙世国,王树清,孙建国.鲁棒故障检测观测器的设计[J].航空动力学报,2008,3(6): 21-25.

[21]　田路,张炜,杨正伟.ELMAN 型神经网络在液体火箭发动机故障预测中的应用[J].弹箭与制导学报,2009,29(1): 191-194.

[22]　Kahle W, Miller J. The Practical Value of Health Management in Space Exploration Systems [C]. Big Sky: 2005 IEEE Aerospace Conference, 2005.

[23]　张正道.复杂非线性系统故障检测与故障预报[D].南京:南京航空航天大学,2006.

[24]　Yang S K. An Experiment of State Estimation for Predictive Using Kalman Filter on DC Motor [J]. Reliability Engineering & System Safety, 2002, 75(1): 103-111.

[25]　Chen M Z, Zhou D H, Liu G. A New Particle Predictor for Fault Prediction of Nonlinear Time Varying Systems[J]. Developments to Chemical Engineering and Mineral Processing, 2005, 13(3): 379-388.

[26]　Schwabacher M, Oza N, Matthews B. Unsupervised Anomaly Detection for Liquid-fueled Rocket Propulsion Health Monitoring[J]. Journal of Aerospace Computing, Information and Communication, 2009, 5(6): 464-482.

[27]　Yao G B, Ding G, Lin L. Aircraft Engine Fuel Flow Prediction Using Process Neural Network [J]. International Journal of Control and Automation, 2015, 7(3): 53-61.

[28]　钟诗胜,丁刚,付旭云.过程神经元网络模型及其工程应用[M].北京:国防工业出版社, 2014.

[29]　田干,张炜,杨正伟,等.SVM 方法在火箭发动机故障预测中的应用研究[J].机械科学与技术,2010,29(1): 63-67.

[30]　彭宇,刘大同,彭喜元.故障预测与健康管理技术综述[J].电子测量与仪器学报,2010, 24(1): 1-9.

[31]　Malhotra R, Bansal A J. Fault Prediction Considering Threshold Effects of Object - oriented Metrics[J]. Expert Systems, 2015, 5(2): 12-18.

[32]　Ma J, Xu J, Li G. Fault Prediction Algorithm for Multiple Mode Process based on Reconstruction Technique [J]. Mathematical Problems in Engineering, 2015, 12(6): 32-36.

[33]　Li L, Xu G H. Development Status of the Fault Prediction and the Physical Health Management (PHM) and its Application in China Railway High-speed[M]. Beijing: The Science Publishing Company, 2015.

[34]　黄蓝,莫固良,沈勇,等.航空故障诊断与健康管理技术[M].北京:航空工业出版社, 2013.

[35]　Pandey A K, Goyal N K. Fault Prediction Model by Fuzzy Profile Development of Reliability Relevant Software Metrics[J]. International Journal of Computer Applications, 2010, 16(6): 21-26.

[36]　Modarres M. Rrliability Engineering and Risk Analysis: A Practical Guide[M]. Boca Raton: CRC Press, 2010.

[37]　Panchi L, Song K P, Erlong Y. Model and Algorithm of Neural Networks with Quantum Gated Nodes[J]. Neural Network World, 2010, 20(2): 89-206.

[38]　Jiang H, Yang J G, Yao X D. Modeling of CNC Machine Tool Spindle Thermal Distortion with

LS‐SVM based on Bayesian Inference[J]. Journal of Mechanical Engineering, 2013, 49(15): 115‐121.

[39] Pradip B K, Shamik S, banerjee R N. Association Rule for Purchase Dependence in Multi-item Inventory[J]. Production Planning & Control, 2010, 21(3): 11‐15.

[40] Dague P, Dubuisson B. Diagnostic par Intelligence Artificielle et Reconnaissance des Formes [J]. Journal of Mechanical Engineering, 2001, 6(2): 36‐39.

[41] Maul W A, Kopasakis G, Santi L M, et al. Sensor Selection and Optimization for Health Assessment of Aerospace Systems[C]. AIAA Infotech @ Aerospace 2007 Conference and Exhibit, 2007.

[42] 刘垠杰. 液体火箭发动机启动阶段故障检测与诊断方法研究[D]. 长沙: 国防科学技术大学, 2011.

[43] 窦唯, 刘占生. 液体火箭发动机涡轮泵故障诊断的新方法[J]. 推进技术, 2011, 32(2): 266‐270.

[44] 刘洪刚. 液体火箭发动机智能故障诊断理论与策略研究[D]. 长沙: 国防科学技术大学, 2002.

[45] Edwards J, Farner S, Gershzohn G R, et al. Space Transportation — Delta Launch Vehicle System Health Monitoring, Failure Detection, Diagnosis and Response[C]. Long Beach: AIAA SPACE 2007 Conference and Exposition, 2007.

[46] Chen J, Patton R. Robust Model-based Fault Diagnosis for Dynamic Systems[M]. Boston: Kluwer Academic Publishers, 1999.

[47] Li D Y, Cheng D W, Shi X M. Uncertainty Reasoning based on Cloud Models in Controllers [J]. Computers and Mathematics with Applications, 1998, 3(35): 99‐123.

[48] Chanda R S, Bhatacharjee P K. A Reliability Approach to Transmission Expansion Planning Using Fuzzy Fault-tree Model[J]. Electric Power Systems Research, 1998, 11(45): 101‐108.

[49] 李清东. 火箭故检系统故障诊断专家系统设计与实现[D]. 西安: 西北工业大学, 2004.

[50] 沈赤兵. 液体火箭发动机静特性与响应特性研究[D]. 长沙: 国防科学技术大学, 1997.

[51] 王华伟. 液体火箭发动机可靠性增长管理研究[D]. 长沙: 国防科学技术大学, 2003.

[52] 张炜. 液体导弹发动机故障特性分析与诊断[M]. 北京: 国防工业出版社, 2014.

[53] 胡庆雷, 张爱华, 李波. 推力器故障的刚体航天器自适应变结构容错控制[J]. 航空学报, 2013, 34(4): 909‐918.

[54] 王继彪. 航天器单组元推进系统故障诊断方法研究及实现[D]. 哈尔滨: 哈尔滨工业大学, 2012.

[55] 洪涛. 液体火箭发动机涡轮泵实时故障检测算法研究[D]. 成都: 电子科技大学, 2012.

[56] Hwang I, Sungwan K, Youdan K, et al. A Survey of Fault Detection, Isolation and Reconfiguration Methods[J]. IEEE Transaction on Control System Technology 2010, 18(3): 1121‐1131.

[57] 曲彦光. 基于动态不确定因果图的化工过程动态故障诊断及状态预测[D]. 北京: 北京化工大学, 2015.

[58] 张利伟. 油浸式电力变压器故障诊断方法研究[D]. 北京: 华北电力大学, 2014.

[59] 申莉. 建筑电气故障自诊断技术应用[D]. 北京: 北京建筑大学, 2014.

［60］ 梁瑜.地铁列车轴承故障诊断及在途诊断系统研究［D］.北京：北京交通大学,2014.

［61］ 猴林峰,牛瑞芳,沈强.基于最优 FADEC 系统故障诊断方法［J］.计算机仿真,2013,30 (5)：90－93.

［62］ 王久崇,樊晓光,毋建平.基于 UML 的航电设备故障诊断与预测系统设计［J］.计算机测量与控制,2013,6(7)：11－15.

［63］ 巩晓赟.基于全矢谱的非平稳故障诊断关键技术研究［D］.郑州：郑州大学,2013.

［64］ Chen H, Gong X. Triple-Step Method to Design Non-linear Controller for Rail Pressure of Gasoline Direct Injection Engines［J］. IET Control Theory and Applications, 2013, 16(11)：948－959.

［65］ Xu B J, Li Z B. Spacecraft Error Judgment Method based on Bayes Judgment Rule［J］. Computer Simulation, 2013, 30(9)：117－121.

［66］ Band A H, Majumdar A. Network Flow Simulation of Fluid Transients in Rocket Propulsion Systems［J］. Journal of Propulsion and Power 2013, 30(6)：1646－1653.

［67］ 李睿,郭迎清,吴文斐.航空发动机传感器故障诊断设计与验证综合仿真平台［J］.计算机测量与控制,2010,18(3)：527－529.

［68］ 朱大奇,刘永安.故障诊断的信息融合方法［J］.控制与决策,2007,6(12)：1321－1328.

［69］ 赵鹏.基于信息融合技术的航空发动机故障诊断［D］.西安：西北工业大学,2007.

［70］ Pan H S, Yan W Y. Fault Tree Analysis with Fuzzy Gates［J］. Computers and Engineering, 1997, 133(3－4)：569－572.

［71］ Isermann R, Ballé P. Trends in The Application of Model-based Fault Detection and Diagnosis of Technical Processes［J］. Control Engineering Practice, 1997, 5(5)：709－719.

［72］ Dong W H, Yu Y H, Zhu H W. Fault Monitoring Arithmetic Research for Starting Process of Liquid Rocket Engine Test［J］. Journal of Propulsion Technology, 1997, 11(1)：58－60.

［73］ Agrawal R, Imielinski T, Swami A. Mining Association Rules Between Sets of Items in Large Databases［C］. Washington：Proceedings of the ACM SIGMOD Conference on Management of Data, 1993.

［74］ Patton R J, Kangethe S M. Robust Fault Diagnosis Using Eigen-structure Assignment of Observers［C］. New York：Fault Diagnosis in Dynamic Systems, Theory and Application, 1989.

［75］ Zou J F, Li C L, Yang Q, et al. Fault Prediction Method based on SVR of Improved PSO ［M］. Beijing：National Defense Industry Press, 2015.

［76］ Zhao H S, Lian S S, Shao L. Fault Prediction of Pitch Actuator for Wind Turbines［J］. Applied Mechanics and Materials, 2015, 5(721)：55－58.

［77］ Zhan J, Dai J, Peng X. Research on Architecture of Prognostics and Health Management of Reusable Launch Vehicle［J］. Computer Measurement & Control, 2015, 23(6)：1848－1862.

［78］ Keit M J, Raymond R B. Diagnostics to Prognostics — A Product Availability Technology Evolution［C］. Orlando：The 53rd Annual Reliability and Maintainability Symposium, 2007.

［79］ 孙旭升,周刚,于洋.机械设备故障预测与健康管理综述［J］.兵工自动化,2016,2(1)：115－118.

［80］ Zhang B C, Yin X J, Wang Z L, et al. A BRB based Fault Prediction Method of Complex

Electromechanical Systems[J]. Mathematical Problems in Engineering, 2015, 5(2): 111 - 113.

[81] Nishad P, Diganta D, Goebel K. Identification of Failure Precursor Parameters for Insulated Gate Bipolar Transistors [C]. Denver: 2008 International Conference on Prognostics and Health Management, 2008.

[82] Han G T. Prognostics and Health Management of Avionics[J]. Avionics Technology, 2009, 40(1): 30 - 38.

[83] Zhang B Z. Evolution and Application of PHM Technology [J]. Measurement & Control Technology, 2008, 23(2): 5 - 7.

[84] Pan Q W, Li T, Li X S. Research on The Architecture of Prognostics and Health Management System[J]. Journal of Electronic Measurement and Instrument, 2007, 5(7): 32 - 37.

[85] Li Y, Kurfess T R, Liang S Y. Stochastic Prognostics for Rolling Element Bearings[J]. Mechanical Systems and Signal Processing, 2000, 5(14): 747 - 762.

[86] Lesieutre G A, Fang L, Lee U. Hierarchical Failure Simulation for Machinery Prognostics [C]. Long Beach: A Critical Link: Diagnosis to Prognosis, 1997.

[87] Bierman G J. Sequential Square Root Filtering and Smoothing of Discrete Linear System[J]. Automation, 1974, 10(6): 147 - 158.

[88] Schmidt S F. Computational Techniques in Kalman Filtering, in Theory and Application of Kalman Filtering[J]. NATO Advisory Group for Aerospace Research and Development, 1970, 11(22): 599 - 604.

[89] Lu P. Nonlinear Predictive Controllers for Continuous Systems [J]. Journal of Guidance, Control and Dynamics, 1994, 22(17): 553 - 560.

[90] Ray A, Tangirala S. Stochastic Modeling of Fatigue Crack Dynamics for On-line Failure Prognostics[J]. IEEE Transactions on Control Systems Technology, 1996, 4(4): 443 - 451.

[91] Crassidis J L. Predictive Filter for Nonlinear System[J]. Journal of Guidance, Control and Dynamic, 1997, 7(20): 566 - 572.

[92] Li Y, Zhang C. Adaptive Prognostics for Rolling Element Bearing Condition[J]. Mechanical Systems and Signal Processing, 1999, 11(13): 103 - 113.

[93] Chelize D. Multimode Damage Tracking and Failure Prognosis in Electromechanical System [C]. Boston: Proceedings of SPIE Conference, 2002.

[94] Luo J H, Bixby A, Pattipati K, et al. An Interacting Multiple Model Approach to Model-based Prognostics[C]. Washington: In Proceedings of IEEE International Conference on System, Man and Cybernetics, 2003.

[95] 陈敏泽.基于粒子滤波器的故障概率预报与故障预报[D].北京:清华大学,2005.

[96] 徐正国,周东华.一类动态系统的可靠性实时预测方法研究[J].控制工程,2008,15(1): 85 - 87.

[97] Gordon N, Salmond D. Novel Approach to Nonlinear and Non-Gaussian Bayesian State Estimation[J]. IEE Proceedings F (Radar and Signal Processing), 1993, 140(2): 107 - 113.

[98] Crisan D, Doucet A. A Survey of Convergence Results on Particle Filtering Methods for Practitioners[J]. IEEE Transaction on Signal Processing, 2003, 2(50): 736 - 746.

［99］　Mile R，Bain E，Drummond M．Predicting Fault with Real Time Diagnosis［C］．Brighton：Prediction of The 30th Conference on Decision and Control，1991．

［100］　Angeli C，Chatzinkolaou A．Fault Prediction and Compensation Function in a Diagnostic Knowledge based System for Hydraulic System［J］．Journal of Intelligent and Robotic system Theory and Application 1999，26（2）：153－165．

［101］　张涛,赵登福.基于 RBF 神经网络和专家系统的短期负荷预测方法［J］.西安交通大学学报,2001，31（4）：331－334．

［102］　黄大荣,黄席樾,范敏.基于卡尔曼滤波和专家系统的混合故障预测研究［J］.计算机仿真,2005，22（9）：150－152．

［103］　Santi L M，Shane T S，Aguilar R B．Optimal Sensor Selection for Health Monitoring Systems［R］．AIAA 2005-4485，2005．

［104］　Pena J M，Famili F．Application of Rough Sets Algorithm to Prediction Aircraft Component［C］．Amsterdam：Proceeding of the 3th International Symposium on Intelligent Data Analysis，1999．

［105］　张东亮.模糊规则库的生成与优化［D］.秦皇岛：燕山大学,2006．

［106］　杨海龙,孙健国.粒子群优化的粗糙集——神经网络在航空发动机故障诊断中的应用［J］.航空动力学报,2009，29（2）：264－265．

［107］　尹振杰,韩冰,张敏.一种改进的灰色关联算法及其在故障预报中的应用［J］.中国航海,2015，38（4）：26－30．

［108］　孙红影.基于灰色系统理论的电子装备 PHM 研究与应用［D］.哈尔滨：哈尔滨工程大学,2013．

［109］　董安.基于形态滤波和灰色理论的柴油机故障诊断研究［D］.太原：中北大学,2014．

［110］　黄大荣,黄丽芬.灰色系统理论在故障预测中的应用现状及其发展趋势［J］.火炮发射与控制学报,2009，1（3）：88－92．

［111］　程惠涛,黄文虎,姜兴渭.基于灰色模型的个故障预报技术及其在空间推进系统上的应用［J］.推进技术,1999，19（3）：74－77．

［112］　杨江天,岳维亮.灰色模型在机械故障预测中的应用［J］.机械强度,2001，23（3）：277－279．

［113］　Gu J，Vichare N，Ayyub B．Application of Grey Prediction Model for Failure Prognostics of Electronics［J］．International Journal of Performability Engineering，2010，6（5）：435－442．

［114］　Liu D T，Luo Y，Peng Y，et al．Lithiumion Battery Remaining Useful Life Estimation based on Nonlinear AR Model Combined with Degradation Feature［C］．Minneapolis：Annual Conference of the Prognostics and Health Management Society，2012．

［115］　陈凯,朱杰,王豪行,等.复杂系统故障诊断中的模糊聚类方法［J］.上海交通大学学报,1998，32（6）：61－64．

［116］　袁胜发,褚福磊.支持向量机及其在机械故障诊断中的应用［J］.振动与冲击,2007，29（11）：58－181．

［117］　刘婷,陈晓云.基于逆云模型的支持向量机多类分类方法［J］.福州大学学报,2008，36（3）：341－346．

［118］　孙永奎.基于支持向量机的模拟电路故障诊断方法研究［D］.成都：电子科技大学,2009．

[119]　杨宇.基于 EMD 和支持向量机的旋转机械故障诊断方法研究[D].长沙：湖南大学，2005.

[120]　王久崇，樊晓光，盛晟，等.改进的蜂群 LS－SVM 故障预测[J].空军工程大学学报（自然科学版），2013，33（1）：52－58.

[121]　赵慧敏，房才华，邓武，等.基于智能优化方法的 SVM 电机故障诊断模型研究[J].大连交通大学学报，2016，11（1）：92－96.

[122]　朱杰，秦亮曦，龙炜哲，等.一种新的基于 SVM 权重向量的云分类器[J].计算机应用与研究，2009，26（6）：2098－2100.

[123]　陈伟.支持向量机预测技术及在惯性器件故障预报中的应用[D].西安：中国人民解放军第二炮兵工程学院，2007.

[124]　Bhaskar S, Goebel K, Scott P. An Integrated Approach to Battery Health Monitoring Using Bayesian Regression and State Estimation[C]. Baltimore：2007 IEEE Autotestcon, 2007.

[125]　Shen Y H, Meng C, Fu Z H. A Synthesized SVM and its Application in Fault Diagnosis for Circuit Board based on Virtual Instrument[C]. Beijing：The 9th International Conference on Electronic Measurement & Instruments, 2009.

[126]　Li H D, Liang Y Z. Support Vector Machines and its Applications in Chemistry[J]. Chemometrics and Intelligent Laboratory Systems, 2009, 5(95)：188－198.

[127]　徐圆，叶亮亮，朱群雄.基于动态记忆反馈的改进 ELM 故障预测方法应用研究[J].控制与决策，2015，6（4）：11－15.

[128]　Tse P W, Atherton D P. Prediction of Machine Deterioration Using Vibration based Fault Trends and Recurrent Neural Network[J]. Journal of Vibration and Acoustics, 1999, 121(7)：365－362.

[129]　Rumelhart D E, Hinton G E. Learning Representations by Back-propagating Errors[J]. Nature, 1986, 323(6188)：533－536.

[130]　Werbos P. Back Propagation through Time What it Does and How to Do it[J]. Proceedings of IEEE, 1990, 78(10)：1550－1560.

[131]　Aiguo S, Jiren J. Evolving Gaussian RBF Network for Nonlinear Time Series Modelling and Prediction[J]. Electronics Letters, 1998, 34(2)：1241－1243.

[132]　唐斌，胡光锐.采用免疫神经网络的对抗捷变频雷达的频率预测技术[C].深圳：第十届全国信号处理学术年会，2001.

[133]　陈世立，陈新民.改进 BP 神经网络在冲压发动机性能预测中的应用[J].导弹与航天运载技术，2007，3（298）：45－49.

[134]　曾庆茂.基于神经网络和模糊推理的信息融合技术[D].西安：西安科技大学，2005.

[135]　蔡桂芳.基于模糊神经网络的故障预测方法研究[J].机电产品开发与创新，2008，21（4）：35－36+39.

[136]　刘永建.基于改进神经网络的民机发动机故障诊断与性能预测研究[D].南京：南京航空航天大学，2012.

[137]　季丽丽.基于免疫神经网络数控机床刀具的故障预测[D].沈阳：沈阳大学，2013.

[138]　Chiang L H, Braatz R D, Russell E. Fault Detection and Diagnosis in Industrial Systems[M]. London：Springer Science & Business Media, 2001.

[139]　Gustafsson F. Statistical Signal Processing Approaches to Fault Detection[J]. Annual

Reviews in Control, 2007, 31(1): 41 - 45.

[140] He Q P, Qin S J, Wang J. A New Fault Diagnosis Method Using Fault Directions in Fisher Discriminant Analysis[J]. AIChE Journal, 2005, 51(2): 555 - 571.

[141] Qin J S. Statistical Process Monitoring: Basics and Beyond[J]. Journal of Chemometrics, 2003, 17(8): 480 - 502.

[142] Camelio J A, Hu S J. Multiple Fault Diagnosis for Sheet Metal Fixtures Using Designated Component Analysis[J]. Journal of Manufacturing Science and Engineering, 2004, 126(1): 91 - 97.

[143] 何新贵,梁久桢. 过程神经网络的若干理论问题[J]. 中国工程科学, 2000, 2(12): 40 - 44.

[144] Ding G, Zhong S S. Convergence Analysis of the Learning Algorithm for Parallel Feed-forward Process Neural Networks[J]. Journal of Computational Information Systems, 2005, 1(3): 477 - 483.

[145] 何新贵,许少华. 过程神经网络[M]. 北京: 科学出版社, 2007.

[146] 许少华,何新贵. 基于函数正交基展开的过程神经网络学习算法[J]. 计算机学报, 2004, 7(5): 645 - 650.

[147] 何新贵,许少华. 过程神经元网络及其在时变信息处理中的应用[J]. 智能系统学报 2006, 1(1): 1 - 8.

[148] 程惠涛,黄文虎,姜兴渭. 基于过程神经网络模型的故障预报技术研究[J]. 哈尔滨工业大学学报, 2001, 33(2): 162 - 164.

[149] Seng K P, Tse K M. Nonlinear Time Series Prediction based on Lyapunov Theory-based Fuzzy Neural Network and Multi-objective Genetic Algorithm[C]. Perth: 16th Australian Conference on AI(Artificial Intelligence), 2003.

[150] Ding G, Zhong S S, Li Y. Time Series Prediction Using Wavelet Process Neural Network [J]. Chinese Physics B, 2008, 17(6): 1998 - 2003.

[151] 谢凌峰,张根宝. 算子逼近在过程神经网络动态预测中的研究与应用[J]. 过程控制, 2009, 36(6): 30 - 33.

[152] 钟仪华,榕李,张志银,等. 基于主成分分析的离散过程神经网络水淹层动态预测方法[J]. 测井技术, 2010, 34(5): 432 - 437.

[153] 丁刚,付旭云,钟诗胜. 基于过程神经网络的航空发动机性能参数预测[J]. 计算机集成制造系统, 2011, 17(1): 198 - 207.

[154] 金向阳,林琳,钟诗胜. 航空发动机振动趋势预测的过程神经网络法[J]. 振动、测试与诊断, 2011, 31(3): 331 - 336.

[155] 雷达,钟诗胜. 用集成过程神经网络预测民航发动机振动趋势[J]. 振动、测试与诊断, 2015, 35(1): 137 - 141.

[156] Clancy D. Model-based System-level Health Management for Reusable Launch Vehicles[C]. Long Beach: AIAA Space 2000 Conference and Exposition, 2000.

[157] Henley S, Currer R, Scheuren B, et al. Autonomic Logistic-the Support Concept for the 21th Century[J]. 2000 Big Sky: IEEE Aerospace Conference, 2000.

[158] Malley M E. Methodology for Simulating the Joint Strike Fighter (JSF) Prognostics and Health Management System[D]. New York: Air Force Institute of Technology Master Thesis,

2001.

[159] Hess A, Fila L. Prognostics , From the Need to Reality From the Fleet Users and PHM System Designer/Devel Opers Perspectives[J]. IEEE Article, 2002, 5(2): 2791 – 2797.

[160] Hess A. The Joint Strike Fighter(JSF) Prognostics and Health Management[C]. Tampa: Annual System Engineering Conference, 2001.

[161] Hall C L, Leary S, Lapierre L, et al. F/A-18E/F F414 Inflight Engine Condition Monitoring System[C]. Big Sky: 2001 IEEE Aerospace Conference Proceedings, 2001.

[162] Atlas L, Bloor G L, Brotherton T, et al. An Evolvable Tri-reasoner IVHM System[C]. Big Sky: 2001 IEEE Aerospace Conference, 2001.

[163] Hess A, Calvello G, Dabney T. PHM a Key Enabler for The JSF Autonomic Logistics Support Concept[C]. Big Sky: 2004 IEEE Aerospace Conference, 2004.

[164] Blaser R, Nigoghosan B. Integrated System Health Management and Affordable Logistics [R]. AIAA 2010-8698, 2010.

[165] Air Force Research Laboratory. Versatile, Affordable Advanced Turbine Engines (VAATE) Program[EB/OL][2010 – 12 – 31]. http://www. pr. arf. af. mil/division/prt /vaate /vaate. htm.

[166] 曾声奎,Michael G P, 吴际. 故障预测与健康管理(PHM)技术的现状与发展[J]. 航空学报,2005, 26(5): 626 – 632.

[167] 王晗中,杨江平,王世. 基于 PHM 的雷达装备维修保障研究[J]. 装备指挥技术学院学报,2008, 19(4): 83 – 86.

[168] 罗华,戎皓,彭乐林. 无人机故障预测与健康管理系统研究[J]. 飞机设计,2009, 29(4): 52 – 55.

[169] 赵四军,王少萍,尚耀星. 飞机液压泵源预测与健康管理系统[J]. 北京航空航天大学学报,2010, 36(1): 14 – 17.

[170] 程进军,夏智勋,胡雷刚. 基于遗传神经网络的航空装备故障预测[J]. 空军工程大学学报: 自然科学版,2011, 12(1): 15 – 19.

[171] 范庚,马登武,邓力. 基于灰色相关向量机的故障预测模型[J]. 系统工程与电子技术, 2012, 34(2): 424 – 428.

第2章
PNN 理论基础

2.1 引　　言

ANN 由于具有与生俱来的非线性逼近能力和良好的泛化能力,在处理模糊数据、随机性数据、非线性数据方面具有独特的优势。目前,ANN 已经广泛应用到模式识别、智能机器人、自动控制、预测估计、生物、医学、经济等领域,并且成功地解决了许多现代计算机难以解决的实际问题,表现出了良好的智能特性。然而,面对日益复杂的非线性系统,传统的 ANN 模型已经难以进行有效的系统建模和状态估计。为解决上述问题,人们开始广泛地研究能够处理时变信号和数据的动态 ANN 模型,并取得一定的成果。其中,广泛应用的典型 ANN 模型主要有延时单元网络[1]、回归网络[2]、部分反馈网络[3],以及这些 ANN 模型的改进形式。这类 ANN 模型大多是使用内部或者外部延时结构来模拟系统输入与输出之间的动态关系,本质上来说还是一类静态模型。难以反映复杂非线性系统动态过程中的时间累积效应,还存在大规模样本学习困难以及泛化能力不足等问题。对于液体火箭发动机这种典型的复杂时变系统,这类 ANN 模型还存在一定的不适应性。

2000 年,何新贵院士创造性地提出了 PNN 的概念和相关理论,PNN 与传统 ANN 在结构上类似,但是其输入与输出既可以是时变过程,也可以是时变函数,由于过程神经元具有时间聚合与累积作用,使得 PNN 具有了可以同时处理时空二维信息的能力。过程 PNN 实质上是传统 ANN 在时间域上的扩展,是更为一般化的方法,对于求解具有时变过程式特征的众多问题具有很大的实际应用价值,PNN 用于解决与时序相关的问题时具有天然的优势,这为处理复杂非线性系统建模提供了有效的途径,也为解决液体火箭发动机故障预测问题提供了新思路和新工具。

由于本书主要讨论如何使用 PNN 解决液体火箭发动机故障预测问题,因此有必要介绍一些 PNN 的相关理论与方法。为了给后面章节提供预备知识,同时也作为后续章节的理论参考,本章首先介绍了 PNN 的基础理论与知识;在此基础上,总结了 PNN 常用的几种学习算法;最后给出了几种用于解决时间序列预测问题的 PNN 模型。

2.2   PNN 的理论基础

2.2.1   过程神经元

与传统的神经元结构类似,过程神经元可由时变过程(或函数)信号输入,空间加权聚合、时间效应累积等部分构成。与传统神经元所不同的是,过程神经元的输入、连接权和激励阈值至少有一个是时变函数或者过程。过程神经元有一个对于时间效应的累积算子,使其聚合运算可同时表达输入信号的空间聚合作用和对时间效应的累积过程。过程神经元模型如图 2.1 所示,其中,符号"$M(\cdot)$"表示时空聚合运算,$f(\cdot)$为激励函数,过程神经元的输入 $x_i(t)$、输出 $y(t)$ 和相应的连接权函数 $\omega_i(t)$($i = 1, 2, \cdots, n$),可以是时变函数或者过程。

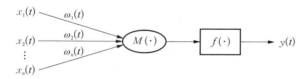

图 2.1   过程神经元示意图

按照时间和空间聚合的运算的先后顺序,过程神经元可以分为先时间累积后空间聚合与先空间聚合后时间累积两类神经元模型,如图 2.2 与图 2.3 所示。

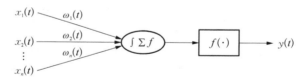

图 2.2   先时间累积后空间聚合模型示意图

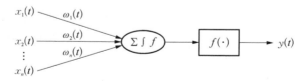

图 2.3   先空间聚合后时间累积模型示意图

先时间累积后空间聚合模型的输入输出关系可表示为

$$y(t) = f\left(\sum_{i=1}^{n} \left\{ \int [K(\omega_i(\tau), x_i(\tau))] \right\} - \theta \right) \tag{2.1}$$

先空间聚合后时间累积模型的输入输出关系为

$$y(t) = f\left(\int \left\{ \sum_{i=1}^{n} \left[K(\omega_i(\tau), x_i(\tau)) \right] \right\} - \theta \right) \qquad (2.2)$$

式(2.1)与式(2.2)中的符号"$\sum$"表示空间聚合运算,例如 MAX、MIN 或者求和等;符号"$\int$"表示时间累积运算,例如在时间上的积分;符号"$K(\cdot)$"表示神经元的聚合函数。由于 $f(\cdot)$、$K(\cdot)$、$\sum$、$\int$ 的选取形式不固定,因此上述的计算顺序不一定可以交换。因此,式(2.1)和式(2.2)并不等价。在解决实际工程问题时需要根据系统具体情况选择相应的模型。

为简单起见,不妨取 $K(\cdot) = 1$,时间累积运算 $\int$ 取 $[0, t]$ 上的积分,空间聚合运算 $\sum$ 取加权和,此时式(2.1)和式(2.2)可分别改写为

$$y(t) = f\left\{ \sum_{i=1}^{n} \int_0^t \left[\omega_i(\tau) x_i(\tau) \mathrm{d}\tau \right] - \theta \right\} \qquad (2.3)$$

$$y(t) = f\left\{ \int_0^t \left[\sum_{i=1}^{n} \omega_i(\tau) x_i(\tau) \mathrm{d}\tau \right] - \theta \right\} \qquad (2.4)$$

易知,当式(2.3)和式(2.4)中的 t 取常数时,过程神经元与 ANN 的神经元是等价的。显然,过程神经元具有更为普适的意义,ANN 的神经元可以等价为过程神经元在时不变条件下的一个特例。

2.2.2　过程神经网络

将若一定数量的过程神经元和 ANN 神经元,按照一定的拓扑结构所构建的网络即为 PNN。与传统 ANN 不同,PNN 的输入没有瞬时同步输入的限制,适用范围更为广泛。以一种三层结构的 PNN 模型为例,如图 2.4 所示,简要介绍 PNN 的运算过程。

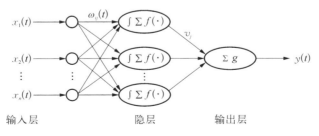

图 2.4　三层结构 PNN 示意图

该 PNN 模型仅含一个隐层,其拓扑结构为 $n-m-1$,设 PNN 的输入向量为 $X(t) = [x_1(t), x_2(t), \cdots, x_n(t)]$,输出为 $y(t)$,$\omega_{ij}(t)$ $(i = 1, 2, \cdots, n; j = 1, 2, \cdots, m)$ 为输入层与隐层过程神经元的连接权函数,$f(\cdot)$ 为隐层激励函数,v_j 为隐层到输出层连接权值,输出层激励函数为 $g(\cdot)$,阈值为 θ。

第一隐层输入为

$$net_j = \sum_{i=1}^{n} \int_0^T \omega_{ij}(t) x_i(t) \, dt \tag{2.5}$$

输出层:

$$y(t) = g\Big(\sum_{j=1}^{m} v_j y^j - \theta \Big), \; y^j = f(net_j - \theta_j) \tag{2.6}$$

将式(2.5)代入式(2.6),该三层 PNN 模型的输入与输出关系为

$$y(t) = g\Big\{ \sum_{j=1}^{m} v_j f \Big[\sum_{i=1}^{n} \int_0^T \omega_{ij}(t) x_i(t) \, dt - \theta_j \Big] - \theta \Big\} \tag{2.7}$$

上述这种 PNN 模型属于单层向前网络模型,其处理信息的方式是按照输入层、隐层和输出层的顺序进行,相同层的各个节点之间没有任何耦合处理,隐层的每个节点的输出只会影响输出层,同时输出层的输出并没有对隐层进行反馈。

工程中的控制系统一般都存在反馈控制,单纯的向前神经网络往往不能解决上述系统的辨识问题,为此何新贵、许少华给出了反馈 PNN 模型,该模型为三层结构,分别是输入层、过程神经元隐层和过程神经元输出层。由输入层完成对系统时变过程信号的输入和隐层神经元输出向系统的反馈;激励运算和系统输入信号的空间加权聚合由过程神经元隐层完成,并完成各神经元输出信号的输出,同时将其反馈到输入层;输出层完成对隐层输出信号的时空聚合运算和系统输出。该 PNN 模型的结构如图 2.5 所示。

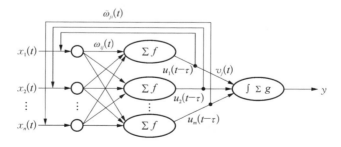

图 2.5　三层结构反馈 PNN 示意图

设系统输入为 $X(t) = [x_1(t), x_2(t), \cdots, x_n(t)]$,隐层节点个数为 m,$\omega_{ij}(t)$ $(i = 1, 2, \cdots, n; j = 1, 2, \cdots, m)$ 为输入层第 i 个节点与隐层第 j 个单元的连接权

函数，$\tilde{\omega}_{ji}(t)$ 为隐层第 j 个单元到输入层第 i 个节点的连接权函数，$u_j(t)$ 为隐层第 j 单元在 t 时刻的输出，τ 为延时时间，$f(\cdot)$ 为隐层激励函数，v_j 为隐层到输出层连接权值，输出层激励函数为 $g(\cdot)$，阈值为 θ。

此时，隐层第 j 个单元的输出为

$$u_j(t) = f\Big(\sum_{i=1}^{n}\big\{\omega_{ij}(t)\big[x_i(t) + \sum_{j=1}^{n}\tilde{\omega}_{ji}(t)u_j(t-\tau)\big]\big\}\Big), \quad j = 1, 2, \cdots, m \tag{2.8}$$

则该 PNN 的输入和输出的关系为

$$y = g\Big\{\sum_{j=1}^{m}\Big[\int_0^T v_j(t)u_j(t)\,\mathrm{d}t\Big] - \theta\Big\} \tag{2.9}$$

参考以上两种 PNN 模型的拓扑结构，并由式(2.7)与式(2.9)可知，与传统的 ANN 相比，PNN 的输入和输出可以是数值，也可以是时间函数或者过程。其隐层神经元不仅能够实现空间聚合运算，还能够通过时间积分的方式实现时间累积运算。PNN 通过激励函数 $f(\cdot)$ 和空间聚合运算 $\sum$ 来实现对系统空间特征的提取，通过 $f(\cdot)$ 和时间累积运算 $\int$ 来实现对系统时间累积效应的特征提取。PNN 的隐层神经元通过 $f(\cdot)$、$\sum$ 和 $\int$ 等运算的结合实现了对系统时空二维信息特征的提取，这使得 PNN 具有了处理时变信息的能力。

由网络输入 $X(t)$ 可知，PNN 不同于传统的 ANN，其网络输入不再是离散式数据，而是一个时变过程或时变函数，避免了传统 ANN 强制增加时间信息所带来的数据爆炸。一般而言，时变过程或者函数 $X(t) = [x_1(t), x_2(t), \cdots, x_n(t)]$ 所包含的信息量，比传统 ANN 的输入向量 $X = [x_1, x_2, \cdots, x_n]$ 所包含的信息量要多得多，这使得 PNN 在处理样本容量较大的数据时具有天生的优势。

需要注意的是，在处理实际工程问题时，特别是液体火箭发动机系统，PNN 的输入函数是由各类传感器采集到的离散数据拟合而来，在这个过程中难免会有噪声的加入。特别是在 PNN 的输入样本容量较大时，其可能摄入的噪声也会增加，因此需要采取一定的方式和方法来提高离散数据的拟合精度，这也对样本数据的预处理提出了较高的要求。

对于网络输入函数 $X(t) = [x_1(t), x_2(t), \cdots, x_n(t)]$ 而言，在传感器采样频率允许的条件下，可以通过增加离散数据的数量来提高 $X(t) = [x_1(t), x_2(t), \cdots, x_n(t)]$ 的拟合精度，同时也提高了 PNN 处理的信息数量。由此可见，在使用一定的预处理方法对样本噪声进行控制的条件下，PNN 能够处理的样本可以包含更多的信息，这些信息也包含了更多的系统特征，这也使 PNN 具有了更好的泛化能力。

2.3　PNN 学习算法

虽然 PNN 结构和形式都不同于传统的 ANN,但对于 PNN 的网络训练问题来说仍可借鉴传统 ANN 的学习算法,例如目前广泛应用的梯度下降算法及其各种改进形式。该方法设计简单且容易实现,常用于网络连接权值和激励阈值的训练和学习。

一般而言,传统的 ANN 的训练或者学习的问题可以归结为函数的逼近问题,而对于 PNN 来说则是一个泛函的逼近问题,因此,PNN 的训练与学习问题可以参照函数逼近方法来寻找解决途径。具体来说就是在 PNN 的输入时空中,选取合适的基函数,例如三角函数系、多项式函数系及各类小波基函数系等,将输入的时间函数与连接权函数在一定条件下表示为基函数的展开形式,并利用这些基函数的特性来实现 PNN 的训练或者学习。

本节将重点介绍 3 种常用的 PNN 学习算法,即基于梯度下降的 PNN 学习算法、基于正交基展开的 PNN 学习算法和基于 LM(Levenberg - Marquardt)的 PNN 学习算法。

2.3.1　基于梯度下降的 PNN 学习算法

为表述简单,取一种单隐层结构的 PNN 网络模型,如图 2.6 所示。该模型输入为时间相关的函数向量 $X(t) = [x_1(t), x_2(t), \cdots, x_n(t)]$,输出为数值 y,$\omega_{ij}(t)$($i = 1, 2, \cdots, n; j = 1, 2, \cdots, m$)为输入层与隐层过程神经元的连接权函数,$f(\cdot)$ 为隐层激励函数,v_j 为隐层到输出层连接权值。

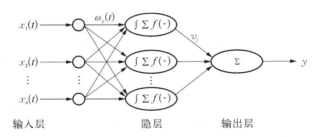

图 2.6　输出为数值的三层 PNN

根据式(2.7)可以得到上述网络的输入输出关系为

$$y = \sum_{j=1}^{m} v_j f\left[\sum_{i=1}^{n} \int_0^T \omega_{ij}(t) x_i(t)\, \mathrm{d}t - \theta_j \right] \tag{2.10}$$

设 $C[0, T]$ 空间上的一组基函数为 $b_1(t)$，$b_2(t)$，$\cdots$，$b_L(t)$，连接权函数在该组基函数下的展开式为

$$\omega_{ij}(t) = \sum_{l=1}^{L} a_{ij}^l b_l(t), \quad i = 1, 2, \cdots, n; \ l = i = 1, 2, \cdots, m \qquad (2.11)$$

对于给定的 K 组学习样本，具体为

$$
\begin{aligned}
&\{x_{11}(t), x_{12}(t), \cdots, x_{1n}(t); d_1\} \\
&\{x_{21}(t), x_{22}(t), \cdots, x_{2n}(t); d_2\} \\
&\qquad\qquad\qquad\vdots \\
&\{x_{K1}(t), x_{K2}(t), \cdots, x_{Kn}(t); d_K\}
\end{aligned}
\qquad (2.12)
$$

式中，$d_k(k = 1, 2, \cdots, K)$ 为第 k 组学习样本的期望输出。

根据上述样本与式(2.10)可定义该 PNN 模型的学习误差函数为

$$
\begin{aligned}
SSE &= \sum_{k=1}^{K} (y_k - d_k)^2 \\
&= \sum_{k=1}^{K} \left(\sum_{j=1}^{m} v_j f\left\{ \sum_{i=1}^{n} \int_0^T \left[\sum_{l=1}^{L} a_{ij}^l b_l(t) x_{ki}(t) \right] \mathrm{d}t - \theta_j \right\} - d_s \right)^2
\end{aligned}
\qquad (2.13)
$$

式中，$y_k(k = 1, 2, \cdots, K)$ 是该 PNN 模型在第 k 个样本输入情况下的实际输出。

根据梯度下降算法思想，连接权值和激励阈值的学习规则如下：

$$v_j = v_j + \alpha \Delta v_j, \quad j = 1, 2, \cdots, m \qquad (2.14)$$

$$a_{ij}^l = a_{ij}^l + \beta a_{ij}^l, \quad i = 1, 2, \cdots, n; j = 1, 2, \cdots, m; l = 1, 2, \cdots, L \qquad (2.15)$$

$$\theta_j = \theta_j + \gamma \theta_j, \quad j = 1, 2, \cdots, m \qquad (2.16)$$

式中，α、β 和 γ 为学习效率常数。

为表述简单起见，记

$$
\begin{aligned}
u_{kj} &= \sum_{i=1}^{n} \int_0^T \left[\sum_{l=1}^{L} a_{ij}^l b_l(t) x_{ki}(t) \right] \mathrm{d}t - \theta_j \\
&= \sum_{i=1}^{n} \sum_{l=1}^{L} a_{ij}^l \int_0^T b_l(t) x_{ki}(t) \mathrm{d}t - \theta_j
\end{aligned}
\qquad (2.17)
$$

式中，网络输入 $x_{ki}(t)$ 与基函数 $b_l(t)$ 均为已知，此时积分 $\int_0^T b_l(t) x_{ki}(t) \mathrm{d}t$ 可以得到具体数值，因此 u_{kj} 仅为关于 a_{ij}^l 和 θ_j 的线性函数。

此时，式(2.14)、式(2.15)和式(2.16)可以改写为

$$\Delta v_j = -\frac{\partial E}{\partial v_j} = -2\sum_{k=1}^{K}\Big[\sum_{i=1}^{m}v_j f(u_{kj}) - d_k\Big]f(u_{kj}) \tag{2.18}$$

$$\Delta a_{ij}^l = \frac{\partial E}{\partial a_{ij}^l} = -2\sum_{k=1}^{K}\Big[\sum_{i=1}^{m}v_j f(u_{kj}) - d_k\Big]v_j f'(u_{kj})\int_0^T b_l(t)x_{ki}(t)\,\mathrm{d}t \tag{2.19}$$

$$\Delta \theta_j = \frac{\partial E}{\partial \theta_j} = 2\sum_{k=1}^{K}\Big[\sum_{i=1}^{m}v_j f(u_{kj}) - d_k\Big]v_j f'(u_{kj}) \tag{2.20}$$

至此,可以按照式(2.14)~式(2.20)来对连接权值和激励阈值进行训练,具体的步骤如下。

步骤 1:确定 PNN 的结构并设置学习误差精度 ε,最大迭代次数 M,并设置迭代次数 q,选取好要使用的 $C[0, T]$ 空间上的一组基函数 $b_1(t)$,$b_2(t)$,$\cdots$,$b_L(t)$,初始化网络参数 v_j、a_{ij}^l 和 θ_j;

步骤 2:将样本输入到网络,计算误差平方和 SSE;

步骤 3:根据式(2.14)~式(2.20)调整连接权值和激励阈值,并计算新的 SSE,如果新 SSE 的值大于步骤 2 中的 SSE 则重复步骤 3;如果新 SSE 的值小于步骤 2 中的 SSE,则转到步骤 4;

步骤 4:如果 SSE 小于 ε 或者 q 大于 M,则转到步骤 5;否则转到步骤 3;

步骤 5:输出学习结果,停止。

备注 2.1:对于输入函数来说,当其有具体的解析形式时,可以根据积分或者数值计算方法得到 $\int_0^T b_l(t)x_{ki}(t)\,\mathrm{d}t$ 具体值。但是对于液体火箭发动机系统来说,很难获得能够表征其状态的解析函数,PNN 的输入往往都是传感器采集到的数据,此时可以先将这些数据在一定条件下进行拟合,构造出合适的解析函数 $x_{ki}(t)$,然后使用上述方法对 PNN 网络进行训练。

对于结构简单,参数数量不大的小规模 PNN 模型来说,基于梯度下降的 PNN 学习算法具有速度快、使用便捷的优势,但是当网络的规模变大,待确定的参数增多时,梯度下降算法往往会有一定的不适应性。这是因为,PNN 的训练或者学习问题本质上可以归结为一类多参数无约束优化问题,其目标函数是定义在多维空间上的,而梯度下降算法是一种局部寻优算法,在 PNN 的学习过程中容易陷入局部极小值。而且,在实际应用中梯度下降算法往往会在寻优过程中产生"拉锯"现象,此时 PNN 的训练误差会产生震荡而不收敛,从而使得算法收敛速度大打折扣。所以,在实际工程应用中往往要针对具体情况对梯度下降算法进行改进或者结合其他算法来对 PNN 进行训练。

2.3.2　基于正交基展开的 PNN 学习算法

在 PNN 的训练或者学习的计算中,需要将连接权函数在一组基函数下进行展开,如果此时的基函数选择为标准正交函数系,并将输入函数在此标准正交函数系下展开,这样可以利用基函数的正交性来大大地简化 PNN 中的时间累积运算。这种方法的本质是将 PNN 连接权函数和激励阈值的确定问题转换为基函数展开系统与激励阈值的学习问题,即把一个泛函数的寻优过程转换为了多元函数求极值的问题。

以 2.3.1 小节中的 PNN 模型为例,假设在 PNN 输入函数空间上有一组标准正交基函数 $b_1(t)$, $b_2(t)$, $\cdots$, $b_L(t)$ (例如三角基函数系、Walsh 基函数系和小波基函数系等),设该 PNN 模型的网络输入函数为 $X(t) = [x_1(t)$, $x_2(t)$, $\cdots$, $x_n(t)]$,则在一定的精度条件下, $X(t) = [x_1(t)$, $x_2(t)$, $\cdots$, $x_n(t)]$ 可由 $b_1(t)$, $b_2(t)$, $\cdots$, $b_L(t)$ 表示为

$$x_i(t) = \sum_{l=1}^{\infty} a_{il}b_l(t), \quad i = 1, 2, \cdots, n \tag{2.21}$$

对于任意给定的误差 $\varepsilon > 0$,存在足够大的 L_0,使得对任意的 $L \geqslant L_0$ 时,有

$$\sup_{0 \leqslant t \leqslant T} \left| x_i(t) - \sum_{l=1}^{L} a_{il}b_l(t) \right| \leqslant \frac{\varepsilon}{n}, \quad i = 1, 2, \cdots, n \tag{2.22}$$

此时有

$$\sup_{0 \leqslant t \leqslant T} \sum_{i=1}^{n} \left| x_i(t) - \sum_{l=1}^{L} a_{il}b_l(t) \right| \leqslant \frac{\varepsilon}{n} \times n = \varepsilon \tag{2.23}$$

也即是说 $X(t)$ 可由基函数 $b_1(t)$, $b_2(t)$, $\cdots$, $b_L(t)$ 在一定精度条件下表示,即

$$x_i(t) = \sum_{l=1}^{L} a_{il}b_l(t), \quad i = 1, 2, \cdots, n \tag{2.24}$$

设连接权函数在基函数 $b_1(t)$, $b_2(t)$, $\cdots$, $b_L(t)$ 下展开式为

$$\omega_{ij}(t) = \sum_{l=1}^{L} c_{ij}^l b_l(t) \tag{2.25}$$

将式(2.24)与式(2.25)代入式(2.10)可得

$$y = \sum_{j=1}^{m} v_j f \left\{ \sum_{i=1}^{n} \int_0^T \left[\sum_{l=1}^{L} c_{ij}^l b_l(t) \right] \left[\sum_{l=1}^{L} a_{il}b_l(t) \right] \mathrm{d}t - \theta_j^l \right\} \tag{2.26}$$

据正交函数性质,有 $\int_0^T b_p(t)b_l(t) = \begin{cases} 1, & (p = l) \\ 0, & (p \neq l) \end{cases}$,此时式(2.26)可以简化为

$$y = \sum_{j=1}^{m} v_j f \left(\sum_{i=1}^{n} \sum_{l=1}^{L} a_{il}c_{ij}^l - \theta_j^l \right) \tag{2.27}$$

若给定 S 个学习样本 $\{x_{1s}(t), x_{2s}(t), \cdots, x_{ns}(t); d_s\}_{s=1}^{S}$，$d_s$ 为第 s 个样本的网络目标输出，并设 y_s 为第 s 个样本的网络实际输出，则平方和误差函数可以定义为

$$SSE = \sum_{s=1}^{S}(y_s - d_s)^2 = \sum_{s=1}^{S}\left[\sum_{j=1}^{m}v_j f\left(\sum_{i=1}^{n}\sum_{l=1}^{L}a_{ij}^{s}c_{ij}^{l} - \theta_j^l\right) - d_s\right]^2 \quad (2.28)$$

式中，a_{ij}^{s} 为 $x_{is}(t)$ 在基函数下展开式对应的系数。a_{ij}^{s}、c_{ij}^{l}、θ_j^l 和 v_j 均为待定参数。

可以看出，此时 PNN 的学习过程，实际上就是在训练数据的基础上，使 SSE 取得最小值的过程。对于上述 PNN 模型来说，为使 SSE 取最小值，则有 $(n - m \times L - 1)$ 个参数需要确定，即结构为 n–m–1 的 PNN 模型，如果其基函数的展开个数为 L，则此 PNN 模型的学习复杂度等同于一个规模为 $n - m \times L - 1$ 的 BP 神经网络，可见通过引入正交函数系可以大大地化简 PNN 的训练过程。至此，可以根据 2.3.1 小节的方法对该 PNN 模型进行训练，或者选择其他合适的学习算法。

2.3.3　LM 学习算法

LM 算法是常见的非线性优化算法，主要用于解决大型非线性无约束问题，并广泛用于 ANN 的训练与优化问题。在选取合适参数的条件下，LM 算法可以模拟梯度下降法和高斯牛顿法，在保证较高计算效率的同时，还可以避免陷入局部最优[4]。鉴于 PNN 学习问题的实际需求与 LM 算法的优点，有必要基于 LM 算法开发 PNN 的相关训练算法。

首先介绍 LM 算法，设非线性方程组的一般形式为

$$\begin{cases} f_1(x_1, x_2, \cdots, x_n) = 0 \\ f_2(x_1, x_2, \cdots, x_n) = 0 \\ \qquad\qquad \vdots \\ f_m(x_1, x_2, \cdots, x_n) = 0 \end{cases} \quad (2.29)$$

其中，$f_i(i = 1, 2, \cdots, m)$ 是给定的 n 维欧式空间中的实值函数。为表述方便起见，记

$$F(x) = \begin{pmatrix} f_1(x) \\ f_2(x) \\ \vdots \\ f_m(x) \end{pmatrix}, \quad x = \begin{pmatrix} x_1 \\ x_2 \\ \vdots \\ x_n \end{pmatrix} \quad (2.30)$$

此时式(2.29)可以表示为

$$F(x) = 0 \tag{2.31}$$

由于 $F(x)$ 的非线性,式(2.31)可能无解。为此,假设解集非空,记 $J(x)$ 为 $F(x)$ 的雅可比矩阵,具体为

$$J(x) = \begin{bmatrix} \dfrac{\partial f_1(x)}{\partial x_1} & \dfrac{\partial f_1(x)}{\partial x_2} & \cdots & \dfrac{\partial f_1(x)}{\partial x_n} \\ \dfrac{\partial f_2(x)}{\partial x_1} & \dfrac{\partial f_2(x)}{\partial x_2} & \cdots & \dfrac{\partial f_2(x)}{\partial x_n} \\ \vdots & \vdots & \ddots & \vdots \\ \dfrac{\partial f_m(x)}{\partial x_1} & \dfrac{\partial f_m(x)}{\partial x_2} & \cdots & \dfrac{\partial f_m(x)}{\partial x_n} \end{bmatrix} \tag{2.32}$$

由泰勒公式有

$$F(x) = F(x_0) + J(x_0)(x - x_0) + O((x - x_0)^2) \tag{2.33}$$

一般地,x_0 无限接近方程组(2.31)的解时,可以略去高阶小量 $O((x - x_0)^2)$,从而得到线性方程组:

$$F(x) = F(x_0) + J(x_0)(x - x_0) = 0 \tag{2.34}$$

设 x_1 为方程组(2.34)的解有

$$x_1 = x_0 - [J(x_0)]^{-1}F(x_0) \tag{2.35}$$

此时,可得牛顿数值求解方法,即

$$x_{k+1} = x_k - [J(x_k)]^{-1}F(x_k) \tag{2.36}$$

为表述方便记迭代步为

$$d_k^{\text{Newton}} = x_{k+1} - x_k = -J_k^{-1}F_k \tag{2.37}$$

其中,$F_k = F(x_k)$;$J_k = J(x_k)$。即当且仅当 J_k 可求异时,牛顿法才有二次收敛性。

如果将方程组(2.31)的求解转换为求解 $\min\limits_{x \in R^n} \dfrac{1}{2}\|F(x)\|^2$,此时可以根据高斯-牛顿法进行数值求解,即

$$d_k^{\text{Gauss-Newton}} = -(J_k^{\text{T}}J_k)^{-1}J_k^{\text{T}}F_k \tag{2.38}$$

同样,此时要求 $J_k^{\text{T}}J_k$ 非奇异,若不然高斯-牛顿迭代将无意义。为解决 $d_k^{\text{Gauss-Newton}}$ 在 $J_k^{\text{T}}J_k$ 接近奇异时计算失效的问题,在式(2.38)中引入参数 μ_k,此时有

$$d_k^{\mathrm{LM}} = -(J_k^{\mathrm{T}} J_k + \mu_k I)^{-1} J_k^{\mathrm{T}} F_k \qquad (2.39)$$

式(2.39)即为 LM 算法的基本迭代公式。记

$$\phi(x) = \frac{1}{2} \parallel F(x) \parallel^2 \qquad (2.40)$$

当 $\mu_k \to 0$ 有

$$\parallel d_k^{\mathrm{LM}} \parallel \to 0 \qquad (2.41)$$

此时有

$$\frac{d_k^{\mathrm{LM}}}{\parallel d_k^{\mathrm{LM}} \parallel} \to \frac{J_k^{\mathrm{T}} F_k}{\parallel J_k^{\mathrm{T}} F \parallel} \qquad (2.42)$$

因此,当 μ_k 足够大的时, $\phi(x_k + d_k^{\mathrm{LM}}) < \phi(x_k)$,通过调节 μ_k 可以保证 LM 算法全局收敛于 $\phi(x)$ 的稳定点,即此时 LM 可以搜索到全局极值点。

在 2.3.2 小节的基础上开发基于 LM 算法的 PNN 训练方法,由式(2.28)可知,待计算目标为平方和误差函数 SSE ,为方便分析,记 $E^{\mathrm{T}} = [e_1, e_2, \cdots, e_s]$ ($e_s = d_s - y_s$),其中, e_s 表示 PNN 的第 s 个输出值与其期望值的差。 E^{T} 表示误差向量 E 的转置。记

$$\begin{aligned} W^{\mathrm{T}} = [& a_{11}, \cdots, a_{1m}, \cdots, a_{n1}, \cdots, a_{nm}, c_{11}^1, \cdots, c_{1n}^1, \cdots, c_{11}^L, \cdots, c_{1n}^L, \cdots, \\ & c_{m1}^L, \cdots, c_{mn}^L, v_1, \cdots, v_m, \theta_1^1, \cdots, \theta_m^1, \theta_1^L, \cdots, \theta_m^L] \end{aligned}$$
$$(2.43)$$

根据 LM 算法,向量 W 的迭代调整规则为

$$\begin{cases} \Delta W(q) = - [J^{\mathrm{T}}(W(q)) \cdot J(W(q)) + \mu(q) \cdot I]^{-1} \cdot J^{\mathrm{T}}(W(q)) \cdot E(W(q)) \\ W(q+1) = W(q) + \Delta W(q) \end{cases}$$
$$(2.44)$$

$$J(W) = \begin{bmatrix} \dfrac{\partial e_1}{\partial a_1^1} & \cdots & \dfrac{\partial e_1}{\partial \omega_{11}^1} & \cdots & \dfrac{\partial e_1}{\partial v_1} & \cdots & \dfrac{\partial e_1}{\partial \theta_1^{(1)}} & \cdots & \dfrac{\partial e_1}{\partial \theta^{(2)}} & \cdots & \dfrac{\partial e_1}{\partial u_n^p} \\ \dfrac{\partial e_2}{\partial a_1^1} & \cdots & \dfrac{\partial e_2}{\partial \omega_{11}^1} & \cdots & \dfrac{\partial e_2}{\partial v_1} & \cdots & \dfrac{\partial e_2}{\partial \theta_1^{(1)}} & \cdots & \dfrac{\partial e_2}{\partial \theta^{(2)}} & \cdots & \dfrac{\partial e_2}{\partial u_n^p} \\ \vdots & \ddots & \vdots & \ddots & \vdots & \ddots & \vdots & \ddots & \vdots & \ddots & \vdots \\ \dfrac{\partial e_s}{\partial a_1^1} & \cdots & \dfrac{\partial e_s}{\partial \omega_{11}^1} & \cdots & \dfrac{\partial e_s}{\partial v_1} & \cdots & \dfrac{\partial e_s}{\partial \theta_1^{(1)}} & \cdots & \dfrac{\partial e_s}{\partial \theta^{(2)}} & \cdots & \dfrac{\partial e_s}{\partial u_n^p} \end{bmatrix}$$
$$(2.45)$$

式中，q 是迭代上限；I 是单位矩阵；μ 是学习速率；$J(W)$ 是 W 的雅可比矩阵。

如果在某一次学习迭代中 SSE 的值没有减小，则令 $\mu = \mu \cdot \lambda$，其中 $\lambda > 1$，然后重复这次学习直至 SSE 的值减小；如果在某一次学习迭代时，产生了更小的 SSE 值，则在下一次学习迭代中令 $\mu = \mu / \lambda$；如此，可使 LM 算法每一次学习迭代都能够使 SSE 减小[4]。基于 LM 算法的 PNN 学习步骤具体如下。

步骤 1：确定 PNN 的结构并设置学习误差精度 ε，最大迭代次数 M，初始化过程神经网络参数和迭代次数 q；

步骤 2：将所有样本输入 PNN，计算误差平方和 SSE 及矩阵 $J(W)$；

步骤 3：根据式（2.44）和式（2.45）调整参数向量 W，将调整后的参数向量代入式（2.28）重新计算 SSE；如果新 SSE 的值大于步骤 2 中的 SSE 则重复步骤 3；如果新 SSE 的值小于步骤 2 中的 SSE，则转到步骤 4；

步骤 4：如果 SSE 小于 ε 或者 q 大于 M，则转到步骤 5；否则转到步骤 3；

步骤 5：输出学习结果，停止。

至此，可以在基于正交基展开的 PNN 的基础上，使用 LM 算法对网络进行训练或者学习。

2.4　几种常用 PNN 的模型

由于 PNN 可以有效处理时空二维信息，它在处理系统辨识、时变数据分类和时间序列预测等问题上具有较好的效果，因此 PNN 广泛用于解决与时间过程相关的问题。与传统 ANN 一样，PNN 的拓扑结构、隐层个数及过程神经元节点类型等可以有多种选择，不同的 PNN 模型在功能上和性能上也不同，需要我们根据实际情况构建具有不同映射机理的 PNN 模型。本节主要介绍几种常用的 PNN 模型，以及其参数设计和相应的学习算法。

2.4.1　双隐层过程神经网络

PNN 可以有效地对时变过程进行特征提取，并对时空二维信息进行处理，而传统 ANN 具有收敛速度快的优势，为结合二者的优势，设计一种输出为数值的双隐层过程神经网络。该 PNN 模型为四层结构，可分为输入层、过程神经元隐层、一般神经元隐层和输出层。过程神经元隐层用于完成时空二维信息处理与数据特征抽取，一般神经元隐层用于完成映射与增强知识存储。

如图 2.7 所示，该 PNN 模型的拓扑结构取为 $n - m - L - 1$，设该 PNN 网络模型的输入为时变函数 $X(t) = [x_1(t), x_2(t), \cdots, x_n(t)]$，PNN 模型的网络输出为数值 y，$\omega_{ij}(t)$（$i = 1, 2, \cdots, n; j = 1, 2, \cdots, m$）为输入层与隐层过程神经元的连接权函数，$f(\cdot)$ 为过程神经元隐层激励函数，$g(\cdot)$ 为一般神经元隐层的激励函

数, v_{jl} 为过程神经元隐层到一般神经元隐层的连接权值。此时过程神经网络隐层的网络输出为

$$out_j^{(1)} = f\left\{ \sum_{i=1}^{n} \int_0^T \left[\omega_{ij}(t) x_i(t) \right] dt - \theta_j^{(1)} \right\} \qquad (2.46)$$

式中, $out_j^{(1)}$ 为过程神经元隐层第 j 个节点的输出, $j = 1, 2, \cdots, m$。

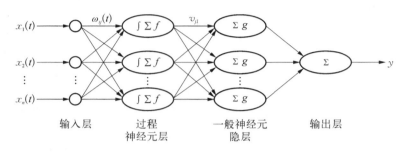

图 2.7　双隐层 PNN 示意图

此时, 一般神经元隐层输出为

$$out_l^{(2)} = g\left(\sum_{j=1}^{m} v_{jl} out_j^{(1)} - \theta_l^{(2)} \right), \ l = 1, 2, \cdots, L \qquad (2.47)$$

式中, $out_l^{(2)}$ 为一般神经元隐层第 l 个单元的输出。

输出层与一般神经元隐层的关系为

$$y = \sum_{l=1}^{L} out_l^{(2)}, \ l = 1, 2, \cdots, L \qquad (2.48)$$

由式(2.46)~式(2.48)可得双隐层 PNN 模型的输入和输出关系为

$$y = \sum_{l=1}^{L} g\left[\left(\sum_{j=1}^{m} v_{jl} f\left\{ \sum_{i=1}^{n} \int_0^T \left[\omega_{ij}(t) x_i(t) \right] dt - \theta_j^{(1)} \right\} \right) - \theta_l^{(2)} \right] \qquad (2.49)$$

假设在 PNN 输入函数空间上有一组标准正交基函数 $b_1(t)$, $b_2(t)$, $\cdots$, $b_P(t)$ 满足输入函数的拟合精度, 此时将输入函数 $x_i(t)$ 和连接权函数 $\omega_{ij}(t)$ 在 $b_p(t)$ 下展开, 则有

$$x_i(t) = \sum_{p=1}^{P} a_i^{(p)} b_p(t) \qquad (2.50)$$

$$\omega_{ij}(t) = \sum_{p=1}^{P} \omega_{ij}^{(p)} b_p(t) \qquad (2.51)$$

将式(2.50)、式(2.51)代入式(2.49)并根据正交性可得到双隐层 PNN 的输入输出关系为

$$y = \sum_{l=1}^{L} g \left\{ \left[\sum_{j=1}^{m} v_{jl} f \left(\sum_{i=1}^{n} \sum_{p=1}^{P} \omega_{ij}^{(p)} a_i^{(p)} - \theta_j^{(1)} \right) \right] - \theta_l^{(2)} \right\} \qquad (2.52)$$

设给定的 S 个学习样本为

$$\{ x_{1s}(t), x_{2s}(t), \cdots, x_{ns}(t); d_s \}_{s=1}^{S} \qquad (2.53)$$

式中, d_s 为第 s 个样本的目标输出。设 y_s 为该网络在第 s 个输入样本下的实际输出,则平方和误差函数可以定义为

$$SSE = \sum_{s=1}^{S} (y_s - d_s)^2$$

$$= \sum_{s=1}^{S} \left(\sum_{l=1}^{L} g \left\{ \left[\sum_{j=1}^{m} v_{jl} f \left(\sum_{i=1}^{n} \sum_{p=1}^{P} \omega_{ij}^{(p)} a_{is}^{(p)} - \theta_j^{(1)} \right) \right] - \theta_l^{(2)} \right\} - d_s \right)^2$$

$$(2.54)$$

式(2.54)的误差向量与参数调整向量可以分别写为

$$\boldsymbol{E}^{\mathrm{T}} = [e_1, e_2, \cdots, e_s] \quad (e_s = y_s(t) - d_s(t)) \qquad (2.55)$$

$$\boldsymbol{W}^{\mathrm{T}} = [\omega_{11}^1, \cdots, \omega_{1n}^1, \omega_{11}^P, \cdots, \omega_{1n}^P, \cdots, \omega_{m1}^P, \cdots, \omega_{mn}^P,$$

$$v_{11}, \cdots, v_{1L}, v_{m1}, \cdots, v_{mL}, \theta_1^{(1)}, \cdots, \theta_m^{(1)}, \theta_1^{(2)}, \cdots, \theta_L^{(2)}] \qquad (2.56)$$

根据 LM 算法, $\boldsymbol{W}$ 的迭代调整规则为

$$\begin{cases} \Delta \boldsymbol{W}(q) = - [\boldsymbol{J}^{\mathrm{T}}(\boldsymbol{W}(q)) \cdot \boldsymbol{J}(\boldsymbol{W}(q)) + \mu(q) \cdot \boldsymbol{I}]^{-1} \cdot \boldsymbol{J}^{\mathrm{T}}(\boldsymbol{W}(q)) \cdot \boldsymbol{E}(\boldsymbol{W}(q)) \\ \boldsymbol{W}(q+1) = \boldsymbol{W}(q) + \Delta \boldsymbol{W}(q) \end{cases}$$

$$(2.57)$$

式中, q 是迭代上限; $\boldsymbol{I}$ 是单位矩阵; μ 是学习速率; $\boldsymbol{J}(\boldsymbol{W})$ 是关于 $\boldsymbol{W}$ 的雅可比矩阵。至此,可采用 LM 训练 DHPNN,具体可参见 2.3.3 小节内容。

2.4.2　离散过程神经网络

在实际工程应用中多数时间序列都是离散的采集数据,在使用 PNN 进行处理时,需要先将离散数据拟合,然后再输入网络,这样会增加计算量也会造成信息失真,为此有必要开发一种可以直接将离散数据作为网络输入的 PNN 模型,以解决上述问题。为方便起见,设计一种只包含一个过程神经元隐层的多输入单输出,且输出为数值的离散过程神经网络模型,网络的拓扑结构为 $n - m - 1$,如图 2.8 所示。

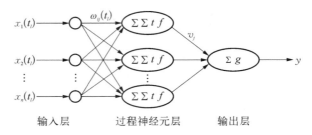

图 2.8   离散 PNN 模型示意图

图 2.8 中，$X(t_l) = [x_1(t_l), x_2(t_l), \cdots, x_n(t_l)]$（$l = 1, 2, \cdots$）为离散过程神经网络的 n 个离散输入值序列，$\omega_{ij}(t_l)$（$l = 1, 2, \cdots$）为 t_l 时刻输入层第 i 个节点到隐层第 j 个节点的连接权值，$\theta_j^{(1)}$ 为隐层节点的激励阈值，$f(\cdot)$ 为过程神经元隐层激励函数，$g(\cdot)$ 为输出层的激励函数，θ 为输出节点的激励阈值，v_j 为过程神经元隐层到输出层的连接权值。

设 $X(t_l)$ 为有限长度的序列，其序列长度为 T，Δt_l 为时间间隔即 $\Delta t_l = t_l - t_{l-1}$，此时，该离散网络的输入和输出关系为

$$y = g\left[\left(\sum_{j=1}^{m} v_j f\left[\sum_{i=1}^{n}\sum_{l=1}^{L}\omega_{ij}(t_l)x_i(t_l)\Delta t_l - \theta_j^{(1)}\right] - \theta\right)\right] \quad (2.58)$$

设给定的 S 个学习样本为

$$\{x_{1s}(t), x_{2s}(t), \cdots, x_{ns}(t); d_s\}_{s=1}^{S} \quad (2.59)$$

式中，d_s 为第 s 个样本的目标输出。设 y_s 为该网络在第 s 个输入样本下的实际输出，则平方和误差函数可以定义为

$$
\begin{aligned}
SSE &= \sum_{s=1}^{S}(y_s - d_s)^2 \\
&= \sum_{s=1}^{S}\left\{g\left[\sum_{j=1}^{m} v_j f\left(\sum_{i=1}^{n}\sum_{l=1}^{L}\omega_{ij}(t_l)x_s(t_l)\Delta t_l - \theta_j^{(1)}\right) - \theta\right] - d_s\right\}^2
\end{aligned}
$$

$$\quad (2.60)$$

式（2.54）的误差向量与参数调整向量可以分别写为

$$\boldsymbol{E}^{\mathrm{T}} = [e_1, e_2, \cdots, e_s] \quad (e_s = y_s(t) - d_s(t)) \quad (2.61)$$

$$\boldsymbol{W}^{\mathrm{T}} = [\omega_{11}, \cdots, \omega_{nL}, v_1, \cdots, v_m, v_{m1}, \cdots, v_{mL}, \theta_1^{(1)}, \cdots, \theta_m^{(1)}, \theta] \quad (2.62)$$

根据 LM 算法，$\boldsymbol{W}$ 的迭代调整规则为

$$
\begin{cases}
\Delta\boldsymbol{W}(q) = -[\boldsymbol{J}^{\mathrm{T}}(\boldsymbol{W}(q)) \cdot \boldsymbol{J}(\boldsymbol{W}(q)) + \mu(q) \cdot \boldsymbol{I}]^{-1} \cdot \boldsymbol{J}^{\mathrm{T}}(\boldsymbol{W}(q)) \cdot \boldsymbol{E}(\boldsymbol{W}(q)) \\
\boldsymbol{W}(q+1) = \boldsymbol{W}(q) + \Delta\boldsymbol{W}(q)
\end{cases}
$$

$$\quad (2.63)$$

式中, q 是迭代上限; $\boldsymbol{I}$ 是单位矩阵; μ 是学习速率; $\boldsymbol{J}(\boldsymbol{W})$ 是关于 $\boldsymbol{W}$ 的雅可比矩阵。至此, 可采用 LM 训练 DHPNN, 具体可参见 2.3.3 小节内容。

2.4.3　小波过程神经网络

小波过程神经网络即是隐层激活函数采用小波函数, 隐层和输出层阈值由小波的平移与伸缩参数替换的过程神经网络。小波过程神经网络结合了过程神经网络可以处理时变信号的能力及小波变换良好的时频局域化性质, 从而避免了传统神经网络在解决大容量非线性时变系统的信号处理问题时存在的不适应性和学习目标函数的凸性, 使网络训练过程从根本上避免了局部最优等非线性优化问题。由于小波神经网络引入了平移和伸缩因子, 因此具有更强的函数逼近能力[5]。

为表述简单起见, 取 3 层网络结构, 设输入层有 n 个单元, 隐层有 m 个过程神经元, 输出层由 1 个单元, 其结构如图 2.9 所示。其中 $X(t) = [x_1(t), x_2(t), \cdots, x_n(t)]$ 为网络输入矢量; $\omega_{ij}(t)$ 为隐层第 j 个过程神经元与输入层第 i 个单元的连接权函数; v_{ij} 为隐层第 j 个过程神经元与输出层单元的连接权值, $\psi(\cdot)$ 为小波基函数; g 为输出层单元的激励函数, 可取为线性函数; y 为网络输出。则网络输入输出关系为

$$y = g\left(\sum_{j=1}^{m} v_j \psi \left[\sum_{i=1}^{n} \int_0^T \omega_{ij}(t) x_i(t)\, \mathrm{d}t \right] \right) \tag{2.64}$$

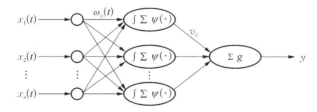

图 2.9　小波过程神经网络结构

当 $\psi(t) \in L^2(R)$ 时, 如果有

$$C_\psi = \int_R \frac{|\hat{\psi}(\omega)|^2}{|\omega|} \mathrm{d}\omega < \infty \tag{2.65}$$

则可以通过伸缩、平移产生一组小波基函数:

$$\psi_{a,b}(x) = \frac{1}{\sqrt{|a|}} \psi\left(\frac{x-b}{a} \right) \tag{2.66}$$

式中, a、b 分别为伸缩因子和平移因子。则对于任意函数 $f(x) \in L^2(R)$, 其小波变换为

$$W_{f(a,b)} = (f, \psi_{a,b}) = \frac{1}{\sqrt{|a|}} \int_{-\infty}^{+\infty} \psi_{a,b}(x) f(x) \, \mathrm{d}x \tag{2.67}$$

将式(2.67)代入式(2.64)有

$$y = g \left[\sum_{j=1}^{m} v_j \psi \frac{\sum\limits_{i=1}^{n} \int_{0}^{T} \omega_{ij}(t) x_i(t) \, \mathrm{d}t - b_j}{a_j} \right] \tag{2.68}$$

对于任意的 $x_i(t)$，$\omega_{ij}(t) \in L^2[0, 2\pi]$（对于不满足的 t 可以通过变换映射到该区间），进行傅里叶正交基函数展开有

$$x_i(t) = \sum_{p=1}^{P} c_i^{(p)} b_p(t) \tag{2.69}$$

$$\omega_{ij}(t) = \sum_{l=1}^{P} \omega_{ij}^{(l)} b_l(t) \tag{2.70}$$

由正交基函数性质有

$$\int_{0}^{T} b_p(t) b_l(t) = \begin{cases} 1, & (p = l) \\ 0, & (p \neq l) \end{cases}, \; p = 1, 2, \cdots, P \tag{2.71}$$

根据式(2.71)，将式(2.69)和式(2.70)代入式(2.68)，小波过程神经网络输入与输出关系可以表示为

$$y = g \left[\sum_{j=1}^{m} v_j \psi \frac{\sum\limits_{i=1}^{n} \sum\limits_{p=1}^{P} c_i^{(p)} \omega_{ij}^{(p)} - b_j}{a_j} \right] \tag{2.72}$$

设给定 S 个学习样本：

$$\{x_{1s}(t), x_{2s}(t), \cdots, x_{ns}(t); d_s\}_{s=1}^{S} \tag{2.73}$$

其中，d_s 表示第 s 组样本的期望输出，设其对应的实际网络输出为 y_s，则学习误差函数为

$$SSE = \sum_{s=1}^{S} (y_s - d_s)^2 = \sum_{s=1}^{S} \left\{ g \left[\sum_{j=1}^{m} v_j \psi \frac{\sum\limits_{i=1}^{n} \sum\limits_{p=1}^{P} c_i^{(p)} \omega_{ij}^{(p)} - b_j^{(1)}}{a_j} \right] - d_s \right\}^2 \tag{2.74}$$

误差向量与参数调整向量可以分别写为

$$E^{\mathrm{T}} = [e_1, e_2, \cdots, e_s] \quad (e_s = d_s - y_s) \tag{2.75}$$

$$W^{\mathrm{T}} = \big[\,\omega_{11}^1,\,\cdots,\,\omega_{1n}^1,\,\omega_{11}^p,\,\cdots,\,\omega_{1n}^p,\,\cdots,\,\omega_{m1}^p,\,\cdots,\,\omega_{mn}^p,$$
$$c_{11}^1,\,\cdots,\,c_{1n}^1,\,c_{11}^p,\,\cdots,\,c_{1n}^p,$$
$$a_1^1,\,\cdots,\,a_1^m,\,b_1^1,\,\cdots,\,b_1^m,\,v_1,\,\cdots,\,v_m\,\big] \tag{2.76}$$

根据 LM 算法 W 的迭代调整规则为

$$\begin{cases} \Delta W(q) = -\big[\,J^{\mathrm{T}}(W(q)) \cdot J(W(q)) + \mu(q) \cdot I\,\big]^{-1} \cdot J^{\mathrm{T}}(W(q)) \cdot E(W(q)) \\ W(q+1) = W(q) + \Delta W(q) \end{cases}$$
$$\tag{2.77}$$

式中，$J(W)$ 为关于 W 的雅可比矩阵；q 为迭代次数 I 为单位矩阵；μ 为学习速率。至此，可采用 LM 训练小波过程神经网络，具体可参见 2.3.3 小节内容。

2.5　本 章 小 结

本章主要介绍一些 PNN 的相关理论与方法，重点介绍了 PNN 的几种学习算法，并构建了几类常用的 PNN 模型，给出了相应的学习算法。它们包括双隐层过程神经、离散过程神经网络和小波过程神经网络。在实际工程应用中，PNN 的空间聚合算子与时间累积算子可以选择任意形式的函数来表示，再加上 PNN 的拓扑结构也具有多种选择方式，我们根据不同问题可以设计出更合适的网络模型。通过选择合适的激励函数并设置合适的网络结构，PNN 模型能够有效地反映出系统实际的信息传递方向与系统内部各个关键节点之间的映射关系，达到正确反映系统状态的目的。为了提高 PNN 的有效性和适用性，PNN 的学习算法应具有较高的计算效率、稳定性和收敛性，为此应根据工程问题的实际情况来选择和构建 PNN 的学习算法。

参考文献

[1]　Hush D R, Horne B G. Progress in Supervised Neural Networks[J]. IEEE Signal Processing Magazine, 1993, 10(1): 8-39.

[2]　Puskorius G V, Feldkamp L A. Neurocontrol of Nonlinear Dynamical Systems with Kalman Filter Trained Recurrent Networks[J]. IEEE Transactions on Neural Networks, 1994, 5(2): 279-297.

[3]　Elman J L. Finding Structure in Time[J]. Cognitive Science, 1990, 14(2): 179-211.

[4]　王炳萱. LM 优化算法和神经网络预测控制在非线性系统中的研究[D]. 太原：太原理工大学, 2016.

[5]　钟诗胜, 李洋. 基于小波过程神经网络的飞机发动机状态监视[J]. 航空学报, 2007, 28(1): 68-71.

第 3 章
基于 PNN 的 LRE 故障预测方法

3.1 引 言

传统故障诊断方法,如主元分析法[1,2]、聚类分析法、ANN 方法[3-8]与定性推理方法[9]等,在使用时要么需要先验知识,要么存在大量冗余信息,且一般需要先进行故障检测,然后根据检测到的异常信息进行故障诊断。这些方法往往需要大量的样本(包括故障样本),同时计算花费较大。由于 LRE 的故障具有发生、发展迅速的特性,上述方法在实际应用中具有明显的局限性。

由第 1 章的分析可知,故障预测在功能上可以代替故障检测,并对发现早期故障,及时采取控制措施,避免故障扩大和传播具有重要意义。而故障诊断的任务是根据已有故障信息,确定故障发生位置、判断故障类型,那么是否有办法在实现故障预测的同时完成故障诊断任务呢?有效的解决方法是将发动机合理划分为不同的组件,对各个组件同时进行故障预测,获取关于组件的故障信息,即可实现发动机组件级别的故障预测与故障位置、类型的判断,如此既能够有效利用预测的优点,又能避免传统方法的弊端。因此,如何建立 LRE 故障预测通用框架与策略,如何对发动机系统进行结构层次化分解,以及如何建立发动机各个组部件故障预测模型就成为解决问题的关键。考虑到故障预测所涉及的发动机监测参数具有较强的非线性与时变性特点,以及 PNN 强适用性,本章研究基于 PNN 来解决 LRE 的故障预测问题。

针对上述问题,本章首先给出液体火箭发动故障预测相关定义,建立广义故障预测通用框架与策略;在此基础上,采用 PNN 建立大型 LRE 各组件故障预测模型;最后以氧涡轮泵等组件的故障预测为例,对基于 PNN 的 LRE 故障预测方法进行验证与分析。

3.2 LRE 故障预测通用框架与策略

3.2.1 LRE 故障预测的数学描述

故障过程是指 LRE 由于故障的影响,其工作状态由正常变化成故障的过程。故障过程按照系统的性能变化,可以分为异常发生和故障发展两个阶段,如图 3.1

所示。对 LRE 故障发展趋势随时间的变化进行如下定义：① 异常阶段时间 T_{in}，即异常阶段的总时间；② 故障阶段时间 T_{de}，即故障阶段的总时间。

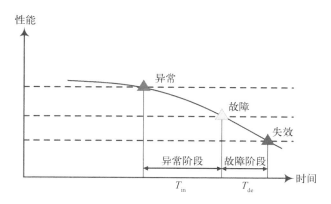

图 3.1　LRE 故障发展过程示意图

　　根据 1.2 节相关介绍，异常阶段时间是指发动机出现故障征兆但尚未发生故障这段时间，该阶段发动机的功能指标或者物理指标虽然未超出规定的范围，但相对于设计值发生了一定偏差，例如发动机推力下降、振动幅度增大等，此时发动机依然可以完成任务。故障阶段时间是指发动机出现故障但还未失效这段时间，该阶段发动机功能指标或者物理指标发生了不可接受的偏移，这时发动机将无法完成既定任务。

　　将表征 LRE 功能或物理指标的参数称为故障预测参数，将故障预测参数可以接受的最大偏差称为故障阈值。LRE 的故障预测参数来源于测量参数或由测量数据计算得出，为随机变量。因此，可以根据故障预测参数的统计特性来确定其正常取值区间，其最大正常取值区间的上下限即为故障阈值。

　　定义 3.1　故障检测　设 LRE 在 t_0 时刻进入故障状态，若在 $t_0 + t$ 时刻检测到系统发生故障，且 $0 < t < T_{de}$，则实现了故障检测，检测时间为 t。

　　定义 3.2　故障诊断　设 LRE 在 t_0 时刻进入故障状态，若在 $t_0 + t$ 时刻检测到系统发生故障，并同时给出了故障位置和类型信息，且 $0 < t < T_{de}$，则在故障阶段实现了故障诊断，诊断时间为 t。

　　定义 3.3　故障预测　设 LRE 在 t_0 时刻状态出现异常，若在 $t_0 + t$ 时刻预测到系统将会发生故障，且 $0 < t < T_{in}$，则实现了故障预测，预测时间为 t，故障预测提前时间为 $T_{in} - t$。

　　规则 3.1　设 LRE 故障预测参数在 t 时刻的预测值为 $y(t)$，故障阈值的上下限分别为 Y_u 和 Y_d；若 $y(t)$ 超出了故障阈值，即有 $y(t) < Y_d$ 或者 $y(t) > Y_u$，则称发动机将在 t 时刻发生故障。在工程应用中，为避免不确定因素造成的误警，往往采用多参数和连续性指标对报警行为进行限定,本书中所讨论的故障预测问题同样也采用上述指标来约束预警情况,具体的多参数指标和连续性指标需要根据实际情况和专家经验进行设定。

由上述故障预测的定义和规则可以看出,LRE 故障预测是故障检测的提升,具有更好的工程应用价值,而解决 LRE 故障预测问题的关键,在于确定合理的故障阈值和对故障预测参数的精确预测。如图 3.2 所示,当确定好故障阈值后,即可通过比较故障预测参数预测值相对于故障阈值的远近程度和变化趋势,来判断故障将要发生的时刻和其变化趋势。

定义 3.4　可预测故障与不可预测故障　设故障预测系统一次预测时间为 T,对于 LRE 的某个故障 f 满足: $T < T_{in}$ 且 $2T < T_{in} + T_{de}$,则系统可对 f 进行预测且 f 为可预测故障;若 $T > T_{in}$ 且 $2T > T_{in} + T_{de}$,则系统无法对 f 进行预测且 f 为不可预测故障;若 $T > T_{in}$ 且 $2T > T_{in} + T_{de}$,则称故障 f 为广义可预测故障。

定义 3.5　广义故障预测　设 LRE 在 t_0 时刻工作状态出现异常,若在 $t_0 + t$ 时刻预测到系统将会发生故障,并给出其位置和类型的判断,且 $0 < t < T_{in}$,则实现了广义故障预测,预测时刻为 t。

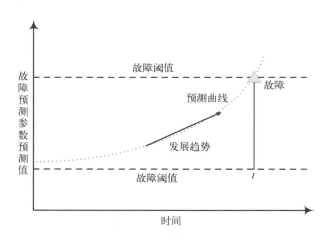

图 3.2　LRE 故障预测过程

传统故障诊断包括故障检测与故障隔离,而广义故障预测的主要功能是故障预测与故障隔离,并且对故障的处理时间均有所提前。可见,广义故障预测是传统故障诊断在功能上的升级,对发现早期故障、及时采取控制措施、避免故障扩大和传播具有重要价值。

对于故障隔离的定义,可以借助集合语言进行描述。

定义 3.6　故障模式库 F　f_0 表示正常模式,F $= \{f_1, f_2, \cdots, f_n\}$ 表示具有 n 类故障模式的故障模式库,这里 f_i 表示第 $i (i = 1, \cdots, n)$ 类故障模式。

定义 3.7　故障隔离　判定出 LRE 发生了哪类故障。

故障隔离问题可归结为一类搜索匹配问题。一般的解决思路是：首先，根据历史数据和已知故障模式库 F，定义数据 $Data$ 故障特征量的计算方法 $Fun(Data)$，采用上述方法计算故障 f_i 所对应数据 $Data_i$ 的特征量 $cq_i = Fun(Data_i)$ ($i = 1, \cdots, n$)；然后，计算待判断数据 $Data_t$ 的故障特征量 $cq_t = E(Data_t)$；最后，在故障模式库 F 中寻找与 cq_t 符合的 cq_{i_t}，选择 cq_{i_t} 所对应的 f_{i_t} 作为最终的判断结果。如此，可对故障隔离的规则定义如下。

规则 3.2　若有 $cq_t = Fun(Data_t) = Fun(Data_{i_0})$，$Data_{i_0}$ 对应的故障模式为 f_{i_0} 且 $f_{i_0} \in$ F，则当前数据 $Data_t$ 的故障模式为 f_{i_0}。

上述关于故障预测和隔离的定义与规则，不仅适用于 LRE 系统整体，也同样适用于 LRE 子系统及各个组件。

3.2.2　LRE 广义故障预测通用框架和策略

LRE 是由功能独立的组件相互耦合紧密联系在一起的复杂系统[10-15]。因此，可根据发动机工作原理和实际需求，将其层次化分解为不同的组件，然后对每个组件都建立相应的故障预测模型，进行广义故障预测，这对于发动机系统整体而言相当于实现了组件级别的故障隔离。

根据上述思想，建立了如图 3.3 所示的 LRE 广义故障预测通用框架，该框架

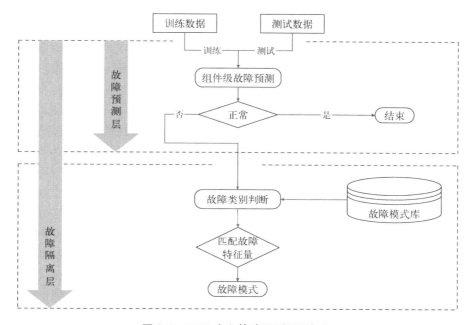

图 3.3　LRE 广义故障预测通用框架

分为故障预测层和故障隔离层两个层次。当 LRE 作状态出现异常的时候,可按照"故障预测层⇒故障隔离层"的思路逐级实现广义故障预测的不同功能,各个部分的主要功能可见表 3.1。该通用框架明确和规范了 LRE 广义故障预测的过程和步骤,后续章节发展的方法都是在这个框架下展开的。

表 3.1 LRE 故障预测与隔离层次功能

层 次	功 能
故障预测层	根据各个组件的故障预测模型,进行组件级故障预测;若有组件将要发生故障,则进行预警并转入故障隔离层
故障隔离层	根据各个组件的故障模式库,对将要发生的故障类型进行判断

针对上述广义故障预测通用框架,对其两个层次功能的基本原理与策略进行如下说明。

(1)故障预测层。该层的主要功能是实现各个组件的故障预测。如图 3.4 所示,各个组件的故障预测采用并行方式实施,只要判断出其中一个组件将要发生故障,就进行发动机故障预警,并对组件故障类型进行判断,对于发动机系统整体来说就实现了组件级别的故障预测与隔离。并行故障预测具体过程包括:① 将 LRE 划分为若干个组件并建立相应故障预测模型;② 采用并行方式,根据输入数据基于各组件预测模型进行故障预测;③ 通过组件故障预测判断处理中心,对并行预测结果进行处理,并输出预测结果到故障隔离层。

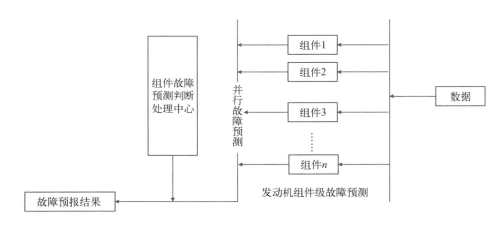

图 3.4 并行故障预测过程

根据并行故障预测过程与策略,故障预测的结果存在三种情况:① 各个组件均不会发生故障,此时发动机状态正常;② 只有一个组件将要发生故障,其他组件

正常,可直接对该组件进行故障类型判定;
③ 判断出多个组件将要发生故障,则对这些
组件并行进行故障类型判定。

　　至此,要实现 LRE 组件故障预测,需要解
决的问题就是根据实际需求,对各个组件选
择适合的故障预测方法。各个组件的故障预
测方法可以是同一类型的,也可以是不同类
型,这需要根据各组件的工作原理与特点来
进行选择。如图 3.5 所示,建立组件故障预测
模型的步骤如下。

　　步骤 1:确定预测目标。从根本上讲故
障预测是为决策服务的,所以要根据决策部
门的要求去确定故障预测的目标。例如,是
短期预测还是长期预测;是定性预测还是定
量预测;预测的精度要求有多高;预测的时效
性要求是什么,等。这些都直接关系到故障
预测的具体要求和所采用的方法,有了明确
的目标,才能据此收集必要的信息和选择合
适的方法。

　　步骤 2:搜集、处理资料。准确的资料是
开展发动机故障预测工作的基础,预测之前
必须掌握足够的、全面的、准确的发动机数据

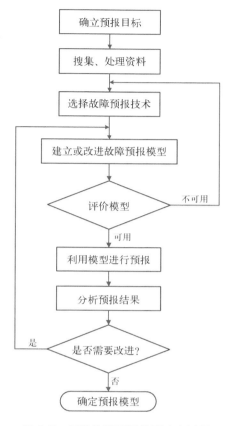

图 3.5　组件故障预测模型建立过程

和相关资料。对于收集的资料还要进行筛选、考核、加工和调整,并对处理后的资
料进行分析,统计数据特征和规律,为选择预测方法提供依据。

　　步骤 3:选择预测方法。在建立预测模型之前,先要依据预测目标和现有的资
料对发动机故障的发展变化规律进行分析与研究,选择合适的方法;然后,设计和
建立相应故障预测模型。故障预测方法的选择是一个反复迭代的实践过程,不
仅要结合发动机相关理论还要兼顾实际工程需要。有时仅凭一种故障预测方法可
能无法满足实际要求,此时就要考虑使用多算法综合应用。

　　步骤 4:建立预测模型。当搜集到足够的资料后就可依据选定的技术方法,建
立故障预测模型。预测的实质就是根据模型的系统输入,通过一定的运算和分析,
给出预测结果。根据历史数据对模型进行检验和误差分析是十分必要的,还需要
根据检验和分析的结果对模型进行修正,直到满足实际需求。

　　步骤 5:分析预测结果。预测是对未来事件的设想和推测,不健全的资料、
不成熟的方法、不准确的预测模型及认识上的局限性等,均会使故障预测结果与

实际情况出现偏差。因此,每次故障预测后都应进行检验与分析,以考核与验证预测结果是否合理,与实际情况出入有多大,以及分析实际条件的变化对预测结果的影响,并据此对预测结果甚至预测模型进行修正和改进,使其更接近实际情况。

（2）故障隔离层。故障隔离层的主要功能是对发生故障预警的组件进行故障类型判断,其基本原理与判断策略如下：① 构造故障特征量。结合历史数据和模式库中的知识,设计故障特征量的构造形式,用于区别不同的模式类型。结合1.2.1 小节内容,可用于构建特征偏差的信息主要有两种：一个是数据位置偏差;另一个是数据方向偏差。数据位置偏差是利用当前数据与事先存储的知识数据之间的"位置偏离程度"设计特征量的计算方式。例如,可以利用当前数据的统计均值和库内存储的模式数据统计均值的偏差作为区分特征。② 判别故障类型。一般根据故障特征量匹配原则,搜索满足条件的故障模式;若当前数据被判断为故障数据,则按照①中方式计算其特征量,并在模式库中搜索与之匹配的模式来确定当前数据的故障类型。

3.3　LRE 结构层次划分方法

对 LRE 进行合理的层次化分解是实现发动机组件级故障预测的关键,也是建立组件故障预测模型的基础,有必要进行重点分析。进行发动机组件化分解需要解决两个关键问题：一是如何将发动机划分为在结构和功能上具有相对独立性的组件,以确保其具有故障预测与隔离的必要性;二是如何根据组件的输入输出条件,选择具有可预测性的故障预测参数。

3.3.1　LRE 结构层次化分解方法

LRE 种类繁多,按照推进剂可分为液氢液氧、液氧煤油和液氧甲烷等,按照结构可分为挤压式和泵压式,可以说形式结构千差万别[12,16]。但不管构成多么复杂,LRE 都是由一些经典组件的集成,例如各类管路、各种阀门和燃烧器等。另外,发动机工作过程遵守质量守恒、能量守恒和动量守恒等基本守恒定律,其状态参数满足热力性质函数关系[14,15,17]。因此,对于不同型号的发动机,同类型组件的物理结构和工作原理在形式上具有一定的通用性,只是组件的结构参数和组合方式上有一些差异[18,19]。文献[20]已证明若要隔离出发动机某个组件的故障,就必须利用这个组件的输入和输出参数来确定组件是否发生故障,且发动机组件级别的故障隔离只与组件的输入和输出有关。因此,可以利用 LRE 各个组成部件不同的物理功能和相互之间的连接关系,对发动机进行结构层次化分解。具体划分原则包括：① 被划分的组件有独特工作特征,有区别于其他组件的数学描述;② 组件之间要有确定的物理或数学界线,并可以相互传递数据信息;③ 被划分的组件要符合工程实际,有明确的物理意义。

根据上述划分规则,对推进剂流通组件,其出口、入口即为数据通信端口;对能量产生和作用组件,其能量的出口、入口即为数据通信端口。如此,被划分的组件之间就会有确定的数学边界和通信端口。按照上述方法,划分后的各个 LRE 组件之间紧密耦合,相互连接即可组成一个整体,各组件在结构和功能上具有独立性,同时各个组件的输入与输出也具有明确的物理意义。如此,可将 LRE 划分为由底层组件到上层子系统的树状结构,如图 3.6 所示。该方法不仅可有效简化各组件间的接口关系,而且具有结构清晰、物理意义明确、故障隔离必要性强等特点。

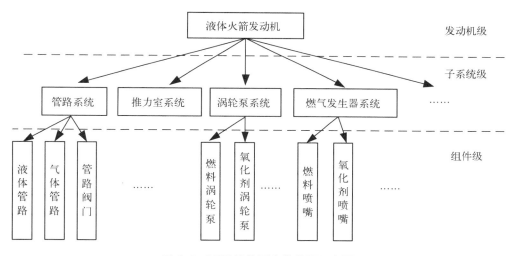

图 3.6 LRE 结构层次化分解示意图

上述的结构层次分解,对开展 LRE 故障预测方法的研究有着十分重要的作用,具体包括:

(1)根据 LRE 的这种树状结构,可知发动机的故障都是由各组件引起的,便于查找故障根源;

(2)可为 LRE 的故障预测可视化提供依据,便于将故障预测与隔离结果实时定位于相应的故障部件上,用于现场观测,便于有针对性地实施补救措施,以降低损失;

(3)有利于 LRE 故障模式库的构建。这种结构层次分解反映了 LRE 异常状态由故障源向整个系统扩散的特点,基于 LRE 运行中所出现的故障特征,能够按照由上层整体到底层组件的顺序,逐层搜寻故障根源,完成故障隔离任务;

(4)据此可进行故障的可诊断性分析,确定测点分布及追加测点的可能性,有利于故障模式的分析和进行监测参数的选择。

3.3.2　LRE 组件可用故障预测参数分析

选择故障预测参数是进行 LRE 故障预测与隔离的前提,也关系着 LRE 飞行任务的成败。故障预测参数需要以一定的发动机测量信号或者其变换后的特征量作为基础[21],经过一定筛选或组合后作为故障预测模型的预测参数。只有确定了合适的故障预测参数后,才能有效区分 LRE 的不同故障类型。本节针对 LRE 常见的组件进行工作特性进行分析,并根据李艳军和谢廷峰的研究结论[20,21],给出了各组件可供选择的故障预测参数。

1. 液体管路

液体管路的主要功能是向其他组件输出推进剂,正常情况下要保障推进剂流量没有损失,且管路压降维持在一定的范围之内,其主要输入、输出参数为推进剂质量流量和压力。液体管路的主要故障模式为泄漏和堵塞,泄漏故障会导致推进剂质量消耗增加,且上游压力低于额定工况;堵塞故障下,推进剂消耗低于额定工况,上游压力高于额定工况。

假设推进剂为一维不可压流体,且管路刚性无热交换,则液体管路出口、入口的压力关系为[22]

$$P_2 - P_1 = c_l q_m^2 \tag{3.1}$$

式中,P_1 是入口压力;P_2 是出口压力;q_m 为推进剂质量流量;c_l 为推进剂流体常数。从上式可知,当 LRE 处于稳态且正常运行时,压力差 $\Delta P = P_2 - P_1$ 在理论上是固定的;当 LRE 出现故障时,ΔP 会发生幅度较大的波动。因此,ΔP 与 P_1、P_2 均可作为液体管路的故障预测参数;气体管路与液体管路类似,这里不再赘述。

2. 涡轮泵

涡轮泵是 LRE 的重要组件也是问题频发部位。涡轮泵主要由涡轮和泵组成,其作用是对低压推进剂进行增压[23]。在一定压力条件下,将推进剂按照额定流量输出到推力室进行燃烧,燃烧生成的高压燃气通过喷管排出产生推力。与此同时,部分工质进入燃气发生器,由其产生的气体传输到涡轮,使其转动。涡轮泵工作在高温、高压、易腐蚀和强振动环境下,易产生汽蚀、泄漏、轴承破坏等故障,从而造成涡轮泵扬程、效率、流量和压力的下降,进而导致叶轮损坏[24,25]。涡轮泵的主要测量参数有转速、压力、流量、壳体温度以及振动加速度,涡轮泵稳定运行时,工程上通常采用经验公式来确定其工作特性[26]。

扬程:

$$\Delta P = P_e - P_i = \mu_{p1} n_p^2 + \mu_{p2} n_p q_p + \mu_{p3} q_p^2 \tag{3.2}$$

功率:

$$N_p = \upsilon_{n1} n_p^3 + \upsilon_{n2} n_p^2 q_p + \upsilon_{n3} n_p q_p^2 \tag{3.3}$$

式中，ΔP 为泵的扬程；μ_{p1}、μ_{p2}、μ_{p3} 和 υ_{n1}、υ_{n2}、υ_{n3} 分别为扬程与功率公式中的经验系数；P_e、P_i 分别出口和入口压力；q_p 为流量；n_p 为涡轮转速。当涡轮泵稳定工作时，其扬程和效率应稳定在一定范围之内；当组件发生故障时，ΔP 和 N_p 都会有较大幅度的波动和变化。因此，扬程和效率可用于故障预测。

3. 阀门

作为 LRE 重要的控制组件，阀门的主要作用是在 LRE 启动、模式转换与停机等过程中，对管路和推力室等组件实现开启与关闭的功能，主要故障模式为打开或关闭不正常。其主要测量参数为流量与压力，阀门关闭时流量为零，压力为入口压力；阀门开启后的数学模型与故障预测参数可参照液体管路，这里不再赘述。

4. 喷注器

主要由喷注盘和顶盖组成，主要作用为，在额定压降的条件下，使工质稳定地而快速地实现雾化和混合，以保证其按照规定状态完成燃烧。喷注器常出现的问题有堵塞、烧蚀和破裂。假设推进剂是一维不可压缩流体，则喷注器压降为

$$\Delta P = P_1 - P_2 = \frac{q^2}{2(\mu A)^2 \rho} \tag{3.4}$$

其中，P_1 与 P_2 分别为入口和出口压力；μ 为流体常数；A 为组件流通截面积；ρ 为流体密度；q 为工质的质量流量。易知，当系统稳定工作时，P_1、P_2 与 ΔP 为统计稳定值，可根据其变化情况对故障进行预测。

5. 燃气发生器与燃烧室

燃气发生器与燃烧室是发动机的重要组成部分，也是推进剂发生燃烧反应的位置，整个燃烧过程伴随着能量释放并产生高温高压燃气。由于燃气发生器与燃烧室在发动机工作时处于高温、高压和强振动条件下，且由于密封面腐蚀、烧蚀或者焊接部位缺陷，易发生泄漏故障。燃气发生器出现泄漏时其室压会迅速下降，导致燃气发生器下游动力组件功率下降，进而使 LRE 整体性能降低。燃烧室主要故障模式也为泄漏故障，其表现形式与燃气发生器类似，主要区别在于燃烧室泄漏会使燃烧室流量增加并导致 LRE 推力下降。推进剂的燃烧与流动过程是十分复杂的热物理和化学反应过程，迄今尚无高精度的数学模型来描述其非稳态燃烧过程。对于 LRE 能量组件的模拟和仿真一般使用零维模型，假设燃烧为均匀燃烧且瞬时完成，且燃烧产物为理想气体，则有[27]

$$P_c / \dot{m}_c = (RT/V)_c \tag{3.5}$$

由式（3.5）可知，燃烧室与燃气发生器的室压在 LRE 稳定工作时，保持在一个稳定值，当发生泄漏故障时室压会迅速下降。即室压可作为上述组件的故障预测参数。

3.4 基于一般 PNN 的发动机故障预测方法

LRE 的观测数据具有明显的时变性质,是一种典型的时间序列,其故障预测问题可以归结为一类时间序列预测问题。基于 PNN 的预测方法从泛函分析的角度出发,利用 PNN 对时间序列的内在关系进行逼近,进而实现对 LRE 进行故障预测的目的。结合广义故障预测通用框架,本节对基于 PNN 故障预测与隔离方法的原理与过程进行描述与分析。

3.4.1 故障预测

设某一故障预测参数构成的时间序列为 $\{x_l\}$,该时间序列的预测问题等价于利用历史数据 $\{x_l, x_{l-1}, \cdots\}$ 对未来数据 $\{x_{l+1}, x_{l+2}, \cdots, x_{l+h}\}$(其中 $h > 0$)进行预测与估计。一般地,当 $h = 1$ 时,称为单步预测或者短期预测;当 $h > 1$ 时,称为多步预测或者长期预测[28]。

1. 单步预测

当 $h = 1$ 时,将输入序列 $\{x_l, x_{l-1}, \cdots\}$ 表示成关于时间的函数 $x_l(t)$。此时,可认为时间为 $l + 1$ 的未来数值 x_{l+1} 与 $x_l(t)$ 存在某种映射关系,即

$$x_{l+1} = G(x_l(t)) \tag{3.6}$$

至此,对故障预测参数的未来值的估计,可通过采用 PNN 对泛函 $G(\cdot)$ 的近似模拟来实现。假设在满足一定精度条件下,PNN 对 $G(\cdot)$ 的逼近模型为 $F_{\text{PNN}}(\cdot)$,则时间序列在 $l+1$ 时刻的预测值 x'_{l+1} 与函数 $x_l(t)$ 的关系为[29]

$$x'_{l+1} = F_{\text{PNN}}(x_l(t)) \tag{3.7}$$

2. 多步预测

当 $h > 1$ 时,需要被预测的序列 $\{x_{l+1}, x_{l+2}, \cdots, x_{l+h}\}$,可以由函数 $x_{l+h}(t)$ 来表示。此时,可认为 $x_{l+h}(t)$ 与 $x_l(t)$ 之间存在某种算子映射关系[30],即

$$x_{l+h}(t) = \psi(x_l(t)) \tag{3.8}$$

至此,关于 $\{x_{l+1}, x_{l+2}, \cdots, x_{l+h}\}$ 的预测问题就转化为应用 PNN 对算子 $\psi(\cdot)$ 进行逼近的问题。假设在满足一定精度的条件下,PNN 对 $\psi(\cdot)$ 的逼近模型为 $F'_{\text{PNN}}(\cdot)$,则有

$$x_{l+h}(t) = F'_{\text{PNN}}(x_l(t)) \tag{3.9}$$

此时,$\{x_{l+1}, x_{l+2}, \cdots, x_{l+h}\}$ 的预测值 $\{x'_{l+1}, x'_{l+2}, \cdots, x'_{l+h}\}$ 可由函数 $x_{l+h}(t)$ 求出。

由上述概念可知,故障预测参数的预测问题,可以归结为 PNN 对泛函或者算

子进行逼近的问题。由近年来的研究成果可知,PNN 能够以任意精度逼近任意一个连续泛函,因此,当网络输出为数值时,PNN 可以作为一个泛函逼近器使用。由于前馈过程神经网络(feedforward process neural network, FPNN)能以任意精度逼近任意一个连续算子,所以当网络输出为函数时,PNN 可以作为算子逼近器来使用。

3. 故障阈值的确定

由 3.2.1 小节可知,故障阈值是判断发动机系统故障状态的基准,也是实现故障预测的关键。由式(3.23)可知,对于服从正态分布的故障预测参数,其取值落在区间 $[\mu - 3\sigma, \mu + 3\sigma]$ 的概率为 99.74%[31]。故障预测参数在上述范围内取值的可能性几乎是肯定的,也就是说,此时公式(2.23)中的带宽系数 n 可以取 3。但是在实际工程中,LRE 的故障预测参数往往没有明确的分布规律。如此,需要对带宽系数 n 进行调整,以保证故障阈值的有效性和敏感性。根据梯度下降思想,可采用下述方式训练带宽系数[32,33]。

设某故障预测参数为 X,首先设 $n = 3$;然后,根据式(3.10),对其故障阈值带宽系数进行调整,即

$$n_N = n_{N-1} + 2\eta \cdot e(N) \qquad (3.10)$$

式中,n_N 和 n_{N-1} 分别为第 N 次和第 $N-1$ 次调整后的数值;η 为调整常量;$e(N)$ 为第 N 次计算后的调整量,具体有如下关系:

$$0 < \eta < 1/|X_N| \qquad (3.11)$$

$$e(N) = \begin{cases} X_{N-1} - X_{N-1}^{\mathrm{up}}, & X_{N-1}^{\mathrm{up}} < X_{N-1} \\ -|e(N-1)|, & X_{N-1}^{\mathrm{low}} \leq X_{N-1} \leq X_{N-1}^{\mathrm{up}} \\ X_{N-1}^{\mathrm{low}} - X_{N-1}, & X_{N-1} < X_{N-1}^{\mathrm{low}} \end{cases} \qquad (3.12)$$

式中,X_{N-1} 为 $N-1$ 次计算时的测量值;$e(N-1)$ 为 $N-1$ 次计算的调整量;X_{N-1}^{up} 和 X_{N-1}^{low} 分别是 $N-1$ 次计算时 X 可取的最大值和最小值,具体为

$$\begin{cases} X_{N-1}^{\mathrm{up}} = \overline{X}_{N-1} + n_{N-1} S_{N-1} \\ X_{N-1}^{\mathrm{low}} = \overline{X}_{N-1} - n_{N-1} S_{N-1} \end{cases} \qquad (3.13)$$

式中,$\overline{X}_{N-1}$ 与 S_{N-1} 分别为 $N-1$ 次计算时 X 的样本均值与样本标准方差。

备注 3.1:

(1)由于噪声等因素影响,发动机工作中参数会产生一定的波动,即使同一台发动机在相同的工况下,其故障预测参数也会有变化。因此,带宽系数应根据多次正常试车数据进行训练,以提高故障阈值的敏感性和鲁棒性。

(2)训练带宽系数的核心思想是,将试车数据按时间划分为不同时段的数据,求出各个时段数据的均值和方差;计算出这些样本的均值 $\overline{X}$ 和方差 S 后,将阈值带

宽系数设为 3,按式(2.24)确定初始阈值后,根据梯度下降思想对带宽系数进行调整。按照上述方法获得的故障阈值只适用于平稳的测量值,如果是非平稳的情况,故障预测参数与其平均值的残差幅值会非常大,此时的故障阈值会使故障预测性能明显降低[34-36]。对于非平稳数据,2.5.4 小节采用设计函数拟合数据均值函数与均方值函数的方法,计算故障阈值。

按照上述方法计算出故障阈值与故障预测参数的预测值后,便可根据规则2.1 进行故障预测,具体流程如图 3.7 所示。

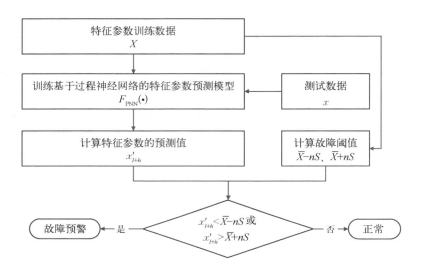

图 3.7　故障预测过程示意图

3.4.2　故障隔离

由规则 3.1 可知,发出故障预警时,必然有故障预测参数预测值超出故障阈值上限或下限。此时,故障预测参数预测值相对于故障阈值的位置关系能够表明故障预测参数的变化趋势,这种变化趋势可反映故障的变化特性。因此,可以将预测值与故障阈值的位置关系,用于发动机组件的故障隔离。为有效利用位置信息,采用下述方法对预测值与故障阈值的位置关系进行定性描述。

设 $X_i(i = 1, 2, 3, \cdots)$ 为某发动机组件的故障预测参数,其故障阈值为 $C_i = [c_i^{\text{low}}, c_i^{\text{up}}]$,在时刻 t 特征值 X_{i_0} 的预测值 x'_{i_0} 超出故障阈值触发故障预警,则有

$$r_{i_0} = \begin{cases} + 1, & x'_{i_0} > c_i^{\text{up}} \\ - 1, & x'_{i_0} < c_i^{\text{low}} \end{cases} \tag{3.14}$$

对其他故障预测参数 $X_i(i \neq i_0)$,设 t 时刻其预测值为 x'_i,则有

$$r_i = \begin{cases} 1, & x_i' > c_i^{up} \\ 0, & c_i^{low} < x_i' < c_i^{up} \\ -1, & x_i' < c_i^{low} \end{cases} \quad (3.15)$$

至此,组件发出故障预警时的故障特性,可由上述关系构成的故障特征量来表示,即

$$cq_t = (r_1, r_2, \cdots, r_{i_0}, \cdots) \quad (3.16)$$

根据历史数据和专家经验,由式(3.16),可将组件故障模式库 $F = \{f_1, f_2, \cdots, f_n\}$ 转化为故障特征量的集合,即

$$F = \{cq_1, cq_2, \cdots, cq_n\} \quad (3.17)$$

最后,根据规则 3.2,即可完成故障隔离任务。

备注 3.2: 按照式(2.17)构建故障模式库,进行故障隔离方法的本质是一种定性推理。由于该方法将定量关系转化为定性关系进行故障隔离时,会造成一定的信息缺失,难以对发动机系统进行深入而精确的描述,在实际应用中会产生"伪诊断"问题。然而,对 LRE 这种复杂非线性系统来说,建立其精确故障模式库进行故障隔离十分困难。根据定义 3.3,LRE 故障隔离的功能是要判断故障属于哪种类型,其判断结果本身就是一种定性结论而非定量结论。另外,通过增加组件的故障预测参数,能够在一定程度上解决"伪诊断"问题[20]。该法方法虽然存在一定的缺陷,但是它具有计算量小,判断便捷,结果具有良好的可解释性等优点,对于实时性要求较高的发动机系统来说,其工程应用价值良好。

3.5　仿真验证及结果分析

3.5.1　试验对象及其工作原理

以某大型 LRE 为首要的研究对象,该 LRE 采用液氢液氧作为推进剂,独立工作的氢与氧涡轮泵以并联方式共同连接于燃气发生器,燃气发生器产生的高温、高压燃气分别用于推动氢涡轮与氧涡轮,通过控制氧涡轮燃气的流量可以实现发动机工况的调节,流入氢、氧涡轮的燃气,最后通过拉瓦尔型喷管排出以产生附加推力。构成该 LRE 的各个组件通过液体和气体管路相互连接,具体构成方式如图 3.8 所示。

发动机具体工作过程为[20,21]:推进剂由氢、氧泵前阀分别进入氢泵和氧泵,进入氢泵的液氢分两路:一路流向燃气发生器用于产生燃气;另一路流向推力室用于燃烧产生推力。流入推力室的液氢又分两路:一路流入两个冷排气蚀管对推力室大喷管进行冷却,然后排出发动机;另外一路流经冷却夹套后进入 LRE 的氢头

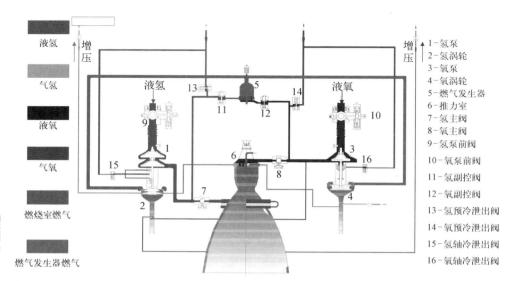

图 3.8　某大型 LRE 系统组成结构示意图

腔,然后通过喷注器均匀地喷进推力室进行反应。从推力室氢头腔流出的气氢也分两路:一路通过换热器后作为司法机构氢能源,另一路通过氢涡轮为贮箱提供增压气体。通过氧泵前阀的液氧也分两路:一路流入氧泵增压后进入燃气发生器,和液氢燃烧反应进而推动涡轮;另外一路经过氧喷注器进入推力室燃烧,从泵后通过的液氧加热气化后为氧贮箱提供增压气体。

大型 LRE 的工作调节时序是由启动发动机、工况转换、关闭发动机等过程按照一定的顺序所构成的。其中 LRE 在启动完成以后和关闭之前的这段稳定运行的过程通常称作稳态过程。稳态过程又包括各种工况调节和平稳运行的状态,这几类不同的状态可以通过氧涡轮流量的变化定性描述,具体如图 3.9 所示。根据不同的任务,发动机的工况变化也有所不同,并不是每次试车或飞行都会发生上述所有工况变化,但是其工况的变化都是根据设定好的时序进行调整的。一个完整的 LRE 工作时序可分为如下几个过程。

(1)启动过程。LRE 接收到开机命令开始工作直到其各类运行指标达到稳定的设计状态的过程。该阶段故障预测参数的测量数据是典型的非线性数据,启动阶段工作时间如图 3.9 中 T_1—T_2 所示。

(2)稳态过程。LRE 性能参数处于预定设计状态,在该阶段中,额定工况、高工况和低工况故障预测参数的测量数据均为平稳数据,稳态工作时间如图 3.9 中 T_2—T_5 所示。稳态阶段存在工况调节过程,如图 3.9 中 T_3—T_4 所示,该阶段故障预测参数的测量数据为非平稳数据,且持续时间非常短。

(3)关机过程。LRE 收到关闭命令后,关闭各类阀门断开推进剂输出,直到推

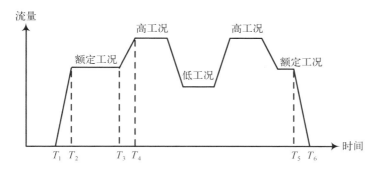

图 3.9 某大型 LRE 工作过程示意图

力减小到零的过程。该阶段故障预测参数的测量数据为非线性数据,如图 3.9 中 T_5—T_6 所示。

3.5.2 发动机组件划分

根据 3.3 节 LRE 组件划分方法,可以将研究对象划分为燃气发生器、推力室、涡轮泵、管路、换热器等 23 个组件,如图 3.10 所示。

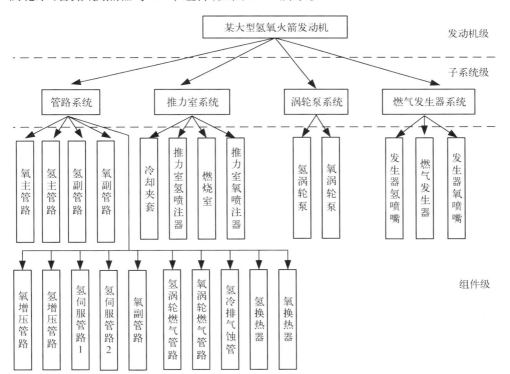

图 3.10 某大型 LRE 结构层次化分解图示意

对象发动机系统的监测参数包括压力、温度、流量和转速等,可分为如下几类组件参数:① 管路系统出入口压力,例如氧增压气蚀管路、氧增压气蚀管、氧副汽蚀管、氢副汽蚀管、氧排气管拉瓦尔喷管和氢排气管拉瓦尔喷管等出入口压力;② 涡轮泵检测参数,例如氢涡轮泵氦隔离腔压力、氧涡轮泵动密封泄氧腔压力、氧涡轮泵泄氧氦腔压力、流量和转速等;③ 各类燃烧器内部压力,例如推力室室压和燃烧室室压等压力;④ 各类喷注器输入、输出压力,例如燃气发生器氢、喷注器和推力室氢、氧喷注器等压力;⑤ 换热器出入口压力,氧换热器和氢换热器等出入口压力。根据 LRE 工作原理和各组件之间的联系进行连接,可以得到如图 3.11 所示的发动机组件联接关系。该型 LRE 各个组件及具体可用的预测参数可参见表 3.2。由对象发动机组件划分结果与各个组件可用故障预测参数,可以得到下述各类组件的故障模式库。

表 3.2　发动机组件及可用故障预测参数

组　件　名　称	可用故障预测参数
氢涡轮泵	θ_1:扬程 $P_h = P_{ef} - P_{itf}$,P_{ed7},流量 q_{mpf}
氧涡轮泵	θ_2:扬程 $P_o = P_{eo} - P_{ito}$,P_{hog},P_{ero},流量 q_{mpo}
氢主管路	θ_3:出口压力 P_{il1},入口压力 P_{ef},压差 ΔP
氧主管路	θ_4:出口压力 P_{ico},入口压力 P_{eo},压差 ΔP
氢副管路	θ_5:出口压力 P_{gif},入口压力 P_{wif},压差 ΔP
氧副管路	θ_6:出口压力 P_{gio},入口压力 P_{wio},压差 ΔP
氢冷排气蚀管	θ_7:出口压力 P_{il2},入口压力 P_{ef},压差 ΔP
氢涡轮燃气管路	θ_8:出口压力 P_{itf},入口压力 P_g,压差 ΔP
氧涡轮燃气管路	θ_9:出口压力 P_{ito},入口压力 P_g,压差 ΔP
燃气发生器氢喷注器	θ_{10}:出口压力 P_g,入口压力 P_{gif},压差 ΔP
燃气发生器氧喷注器	θ_{11}:出口压力 P_g,入口压力 P_{gio},压差 ΔP
燃气发生器	θ_{12}:P_g
推力室冷却夹套	θ_{13}:出口压力 P_{cif},入口压力 P_{il1},压差 ΔP
推力室氢喷注器	θ_{14}:出口压力 P_c,入口压力 P_{cif},压差 ΔP
推力室氧喷注器	θ_{15}:出口压力 P_c,入口压力 P_{cio},压差 ΔP
推力室	θ_{16}:P_c
氢增压管路	θ_{17}:出口压力 P_{ipnf},入口压力 P_{icf},压差 ΔP
氧增压管路	θ_{18}:出口压力 P_{eo},入口压力 P_{ixo},压差 ΔP
氧增压气蚀管	θ_{19}:出口压力 P_{ipno},入口压力 P_{exo},压差 ΔP
氢换热器	θ_{20}:出口压力 P_{ixf},入口压力 P_{exf},压差 ΔP
氧换热器	θ_{21}:出口压力 P_{ixo},入口压力 P_{exo},压差 ΔP
氢伺服管路 1	θ_{22}:出口压力 P_{ixf},入口压力 P_{icf},压差 ΔP
氢伺服管路 2	θ_{23}:出口压力 P_{isf},入口压力 P_{ixf},压差 ΔP

(注:压力参数单位为 MPa,流量参数单位为 L/s)

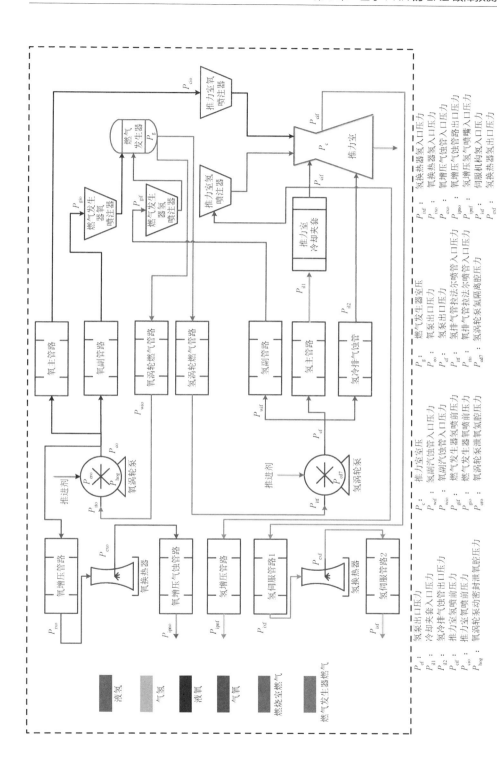

图 3.11　大型 LRE 组件联接关系示意图

（1）管路系统。管路的主要故障模式为泄漏和堵塞。泄漏会导致推进剂消耗增加，且下游压力低于额定工况；发生堵塞故障，推进剂消耗低于额定工况，上游压力高于额定工况。其故障预测参数为出口压力 P_{out} 与入口压力 P_{in}，则由参数 $(P_{\text{in}}, P_{\text{out}})$ 构成的故障模式库为

$$F_p = \{cq_1^p, cq_2^p\} = \{(0, -1), (1, -1)\} = \{f_1^p, f_2^p\} \qquad (3.18)$$

式中，f_1^p 为泄漏故障；f_2^p 为阻塞故障。气体管路与此类似，不再重复介绍。

（2）燃烧室与燃气发生器系统。燃烧室与燃气发生器主要故障为喷嘴、喷注器堵塞和烧蚀，其故障特性与管路堵塞与泄漏类似，故障模式库与管路相同。燃气发生器室压对该组件的各类故障都十分敏感，多种组件故障也会引起室压变化。因此，难以使用室压作为故障隔离特征量，需要进一步增加故障预测参数，或者根据其他组件变化推断其故障类型。燃烧室情况与此类似，这里不再重复介绍。

（3）涡轮泵系统。涡轮泵主要故障为断裂、烧蚀、卡死、端面密封失效、轴承损坏等，断裂、烧蚀、卡死等故障会引起涡轮泵扬程 P_h 和 P_o 降低，这些故障可以归结为涡轮泵效率降低[20]。涡轮转子叶片变形，其顶端与壳体等发生摩擦，会使涡轮泵转速升高导致扬程 P_h 和 P_o 增大[33]，该类故障可归结为涡轮泵效率异常。氧涡轮泵端面密封失效会引起氧涡轮泵动密封泄氧腔压力 P_{hog} 与泄氧氦腔压力 P_{ero} 升高，氢涡轮泵效率异常会引起氢涡轮泵氦隔离腔压力 P_{ed7} 升高[37]。因此，对氧涡轮泵采用预测参数 $(P_o, P_{\text{hog}}, P_{\text{ero}})$ 来构建模式库，有

$$F_o = \{cq_1^o, cq_2^o, cq_3^o\} = \{(-1, 0, 0), (0, 1, 1), (1, 0, 0)\} = \{f_1^o, f_2^o, f_3^o\}$$
$$(3.19)$$

式中，f_1^o 为效率下降故障；f_2^o 为密封失效故障；f_3^o 为效率异常故障。对于氢涡轮泵采用参数 (P_o, P_{ed7}) 构建模式库，有

$$F = \{cq_1^h, cq_2^h\} = \{(-1, 0), (0, 1), (1, 0), (1, 1)\} = \{f_1^h, f_2^h, f_3^h, f_4^h\}$$
$$(3.20)$$

式中，f_1^h 为效率下降故障；f_2^h、f_3^h 与 f_4^h 为效率异常故障。

备注 3.3：由于地面试验条件有限，传感器种类、分布与配置受限，导致整个发动机可用故障预测参数有限。因此，难以对部分组件的特殊故障类型进行判断。至于如何实现 LRE 传感器的分布设置，隔离出尽可能多的故障类型，请参考文献[20]和文献[38]。

3.5.3　稳态过程故障预测

以大型液氢液氧发动机稳态过程热试车的两组数据为例，详细介绍基于一般

PNN 的 LRE 稳态过程故障预测方法,数据具体情况如下。

第一组为 Test14 - 1 和 Test14 - 3 次热试车数据,时间为稳态阶段 3~403 s,采样周期为 0.1 s,该时段 Test14 - 1 和 Test14 - 3 发动机均无故障发生。工况调节时序如图 3.12 所示。

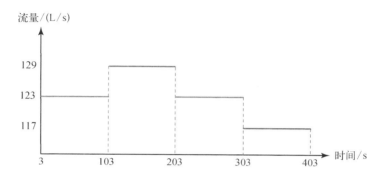

图 3.12　Test14 - 1 和 Test14 - 3 次试车工况调节时序

第二组为 Test13 - 6 和 Test13 - 4 次热试车数据,时间为稳态阶段 3~193 s,采样周期为 0.1 s,该时段 Test13 - 6 发动机无故障,Test13 - 4 发动机出现故障,故障模式为管路泄漏故障。工况调节时序如图 3.13 所示。

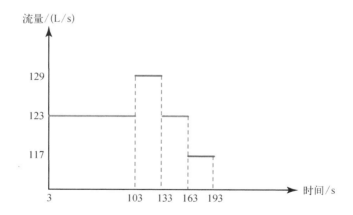

图 3.13　Test13 - 6 和 Test13 - 4 次试车工况调节时序

第一组以 Test14 - 1 次试车数据构建学习样本,Test14 - 3 次试车数据构建测试样本。第二组以 Test13 - 6 次试车数据构建学习样本,Test13 - 4 次试车数据构建测试样本。采用 Matlab 语言编程,计算机处理器为 Intel Core i5(3.1 GHz),内存为 6 G。若无特殊说明,本书后续计算均在上述条件下进行。由于发动各组件故障预测过程一致,为叙述简洁,以第一组数据中氧涡轮泵故障预测为例,详细阐明进行发动机故障预测的具体过程。

1. 故障阈值确定

设 x 为某一故障预测参数,其数学期望为 $E(x) = \mu < \infty$,方差为 $D(x) = \sigma^2 < \infty$。由切比雪夫不等式,对任意的 $\varepsilon > 0$,有

$$P(\mid x - \mu \mid \geqslant \varepsilon) \leqslant \frac{\sigma^2}{\varepsilon^2} \tag{3.21}$$

设阈值带宽系统 $n > 0$,令 $\varepsilon = n\sigma$,则式(3.21)可以写成

$$P(\mid x - \mu \mid \geqslant n\sigma) \leqslant \frac{1}{n^2} \tag{3.22}$$

对任意给定误检概率 α,x 的正常取值区间 C 可以表示为

$$C = [\mu - n\sigma, \mu + n\sigma] \tag{3.23}$$

式中,$n = 1/\sqrt{\alpha}$,表示带宽系数。由切比雪夫不等式可知,式(3.23)确定的取值范围是 x 最大的正常区间,对于数据量有限且确定的故障预测参数 x 来说,上述区间是确定的,x 取值的上下限分别是 $\mu + n\sigma$ 和 $\mu - n\sigma$,即为故障阈值,称 $\mu + n\sigma$ 为故障阈值上限,$\mu - n\sigma$ 为故障阈值下限。在实际应用中,通常采用样本均值 $\bar{X}$ 与样本标准方差 S,分别替代式(3.23)中的 μ 和 σ。此时,正常取值区间 C 为

$$C = [\bar{X} - nS, \bar{X} + nS] \tag{3.24}$$

此时,故障阈值为 $\bar{X} - nS$ 和 $\bar{X} + nS$。

由于发动机稳态工作过程中存在工况转换,因此在计算故障阈值时,按照事先设定工况变换时序,将训练数据按照 LRE 实际工作中的不同工况进行划分,并分别计算各自的故障阈值。

取 Test14-1 次试车数据中稳定阶段额定工况数据,记为 $X_{\theta_2}^{\text{Test14}-1}$,时长为 100 s。采用偏度、峰值检验方法对上述数据进行假设检验,以确定其是否为正太分布,在检验水平 $\alpha = 0.05$ 的条件下,$X_{\theta_2}^{\text{Test14}-1}$ 的检验统计量为 7.452,拒绝零假设的临界值为 6.099。由于统计量大于临界值,所以 $X_{\theta_2}^{\text{Test14}-1}$ 满足上述假设。为合理计算故障阈值,将 $X_{\theta_2}^{\text{Test14}-1}$ 划分为 50 段数据样本,每段 2 s。分别计算出这些样本均值与标准方差,将阈值带宽系数初始值设为 3,然后根据式(3.10)训练带宽系数并求得故障阈值为 [8.789, 9.322]。同样,可以获得低工况与高工况条件下氧涡轮泵扬程的故障阈值,低工况故障阈值为 [8.353, 8.926],高工况故障阈值为 [9.123, 9.722]。

2. PNN 预测模型

双并联前馈过程神经网络(double parallel feedforward process neural network,

DPFPNN)是由一个单层前向过程神经网络与一个单层前向神经网络并联构成,在实现对非线性泛函逼近的同时,也可以实现对线性映射关系的逼近。因此,采用 DPFPNN 建立的故障预测参数预测模型,相对于单层前向过程神经网络,具有更好的泛化能力和更快的收敛速度[7],其具体结构如图 3.14 所示。

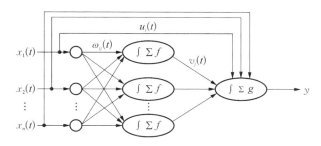

图 3.14　三层 DPFPNN 结构示意图

DPFPNN 首层为由 n 个节点构成;第 2 层为 DPFPNN 隐层,由 m 个过程神经元构成;第 3 层为输出层。网络的首层不仅经过网络隐层完成数据特征提取,通过第 3 层完成聚合输出,网络的首层还直接与第 3 层直接相连。这样不仅能够有效完成非线性数据的特征提取,还能够有效加速 DPFPNN 的时空聚合运算。假设 $X(t) = [x_1(t)，x_2(t)，\cdots，x_n(t)]$ 为网络输入函数向量。设网络输入范围是 $[0，T]$,则 DPFPNN 的输出可以表示为

$$y = g\left\{ \sum_{j=1}^{m} v_j f \left[\sum_{i=1}^{n} \int_0^T \omega_{ij}(t) x_i(t) \mathrm{d}t - \theta_j^{(1)} \right] + \sum_{i=1}^{n} \int_0^T u_i(t) x_i(t) \mathrm{d}t - \theta^{(2)} \right\} \quad (3.25)$$

式中, $\omega_{ij}(t)$ 为第 2 层第 j ($j=1，2，\cdots，m$) 个单元与第 1 层第 i ($i=1，2，\cdots，n$) 个节点之间的连接权函数; $\theta_j^{(1)}$ 为第 2 层第 j 个单元的阈值; f 是第 2 层的激励函数; g 是第 3 层的激励函数,一般可取 $g(x)=x$; $u_i(t)$ 为第 1 层第 i 个节点与第 3 层之间的连接权函数; v_j 为第 2 层第 j 个单元与第 3 层节点之间的连接权; $\theta^{(2)}$ 为第 3 层输出阈值。

引入标准正交基函数系 $\{b_p(t)\}_{p=1}^{+\infty}$,则 $X(t)$ 的分量 $x_i(t)$ 、 $\omega_{ij}(t)$ 和 $u_i(t)$,在符合实际需求的条件下,可选择 $\{b_p(t)\}_{p=1}^{+\infty}$ 中的 P 个元素来展开,即

$$x_i(t) = \sum_{p=1}^{P} a_i^{(P)} b_p(t) \quad (3.26)$$

$$\omega_{ij}(t) = \sum_{l=1}^{P} \omega_{ij}^{(l)} b_l(t) \quad (3.27)$$

$$u_i(t) = \sum_{l=1}^{P} u_i^{(l)} b_l(t) \quad (3.28)$$

根据正交函数性质,有 $\int_0^T b_p(t)b_l(t) = \begin{cases} 1, & (p = l) \\ 0, & (p \neq l) \end{cases}$。结合式(3.26)~式(3.28),取 $g(x) = x$,则式(3.25)可以化简为

$$y = \sum_{j=1}^m v_j f\Big(\sum_{i=1}^n \sum_{p=1}^P a_i^{(p)} \omega_{ij}^{(p)} - \theta_j^{(1)}\Big) + \sum_{i=1}^n \sum_{p=1}^P a_i^{(p)} u_i^{(p)} - \theta^{(2)} \qquad (3.29)$$

若给定 S 个学习样本 $\{x_{1s}(t), x_{2s}(t), \cdots, x_{ns}(t); d_s\}_{s=1}^S$,$d_s$ 为第 s 个样本的网络目标输出,并设 y_s 为第 s 个样本的网络实际输出,则平方和误差函数可以定义为

$$SSE = \sum_{s=1}^S (y_s - d_s)^2$$

$$= \sum_{s=1}^S \Big\{\Big[\sum_{j=1}^m v_j f\Big(\sum_{i=1}^n \sum_{p=1}^P a_i^{(p)} \omega_{ij}^{(p)} - \theta_j^{(1)}\Big) + \sum_{i=1}^n \sum_{p=1}^P a_i^{(p)} u_i^{(p)} - \theta^{(2)}\Big] - d_s\Big\}^2$$

$$(3.30)$$

式中,$a_i^{(p)}$、$\omega_{ij}^{(p)}$、$u_i^{(p)}$、v_j、$\theta_j^{(1)}$、$\theta^{(2)}$ 均为待定参数。

PNN 的学习过程,实际上就是在训练数据的基础上,使 SSE 取得最小值的过程。对于上述 DPFPNN 来说,为使 SSE 取最小值,则有 $P(m + 2) + 2m + 1$ 个参数需要确定。易知,上述问题本质上可看作是多参数无约束优化问题。

备注 3.4: 与传统 ANN 相比,由于 PNN 的输入和网络各个节点均为函数,其运算涉及拟合与积分等运算,计算较为复杂。为简化运算,提高计算效率,在实际应用中常常利用函数逼近理论,使用正交基函数系,对输入函数、连接权函数等,按照一定的精度要求拟合,基于正交基函数系的特性,降低 PNN 优化的计算复杂度和工作量。

若函数 $f(x)$ 与 $g(x)$ 为定义在区间 $[a, b]$ 的两个函数,且满足

$$\int_a^b f(x)g(x)\mathrm{d}x = 0 \qquad (3.31)$$

则称 $f(x)$ 与 $g(x)$ 在区间 $[a, b]$ 上正交。

在工程应用中,常按照实际需求,将 $f(x)$ 和 $g(x)$ 的正交性进扩展,即

$$\int_a^b h(x)f(x)g(x)\mathrm{d}x = 0 \qquad (3.32)$$

其中,$h(x)$ 为给定的权函数。

工程中常用的展开函数系主要有以下两类。

(1)三角函数系。当网络输入具有明显的周期性时,常采用三角函数系对输入函数进行逼近。例如,在区间 $[-\pi, \pi]$ 上的三角函数系为

$$\left\{ \frac{1}{\sqrt{2\pi}}, \frac{1}{\sqrt{\pi}}\cos x, \frac{1}{\sqrt{\pi}}\sin x, \frac{1}{\sqrt{\pi}}\cos 2x, \frac{1}{\sqrt{\pi}}\sin 2x, \cdots, \frac{1}{\sqrt{\pi}}\cos nx, \frac{1}{\sqrt{\pi}}\sin nx, \cdots \right\}$$

$$(3.33)$$

易知,式(3.33)满足式(3.31),为正交函数系。另外,比较常用的三角函数系还有在 $(0, \pi)$ 区间上的正弦和余弦系,具体如下:

$$\{\sin x, \sin 2x, \sin 3x, \cdots, \sin nx, \cdots\} \quad (n = 1, 2, 3\cdots) \quad (3.34)$$

$$\{\cos x, \cos 2x, \cos 3x, \cdots, \cos nx, \cdots\} \quad (n = 1, 2, 3\cdots) \quad (3.35)$$

(2)正交多项式。除上述函数系外,正交多项式函数系的应用也比较广泛。例如,在区间 $[-1, 1]$ 上的函数系 $\{1, x, x^2, x^3, \cdots, x^n, \cdots\}(n = 1, 2, 3\cdots)$,经过施密特变换,能够得到的勒让德多项式构成的正交函数系[39],即

$$\left\{ \sqrt{\frac{1}{2}}, \sqrt{\frac{3}{2}}x, \sqrt{\frac{5}{2}}\left(\frac{3}{2}x^2 - \frac{1}{2}\right), \sqrt{\frac{7}{2}}\left(\frac{5}{2}x^3 - \frac{3}{2}x\right), \sqrt{\frac{9}{2}}\left(\frac{35}{8}x^4 - \frac{30}{8}x^2 + \frac{3}{8}\right), \cdots \right\}$$

$$(3.36)$$

式(3.36)所示的函数系形式简单,且权函数恒定,在现实工程中非常常见。其他常用的正交多项式主要有切比雪夫、雅可比和厄密特多项式等。此外,Fourier、Wavelet、Haar 和 Fraklin 等函数系由于具有良好计算特性,也经常用于 PNN 相关输入与网络节点的展开。

LM(Levenberg - Marquardt)算法是常见的非线性优化算法,主要用于解决大型非线性无约束问题,并广泛用于 ANN 的训练与优化问题。在选取合适参数的条件下,LM 算法可以模拟梯度下降法和高斯牛顿法,在保证较高计算效率的同时,还可以避免陷入局部最优[40]。鉴于 PNN 学习问题的实际需求与 LM 算法的优点,论文基于 LM 算法开发 PNN 的相关训练算法。

为方便分析,记 $\boldsymbol{E}^{\mathrm{T}} = [e_1, e_2, \cdots, e_s](e_s = d_s - y_s)$,其中,$e_s$ 表示 DPFPNN 的第 s 个输出值与其期望值的差。$\boldsymbol{E}^{\mathrm{T}}$ 表示误差向量 E 的转置。记

$$\boldsymbol{W}^{\mathrm{T}} = [a_1^1, \cdots, a_n^1, \cdots, a_1^p, \cdots, a_n^p, \omega_{11}^1, \cdots, \omega_{1n}^1, \cdots, \omega_{11}^p, \cdots, \omega_{1n}^p, \cdots, \omega_{m1}^p, \cdots,$$
$$\omega_{mn}^p, v_1, \cdots, v_m, \theta_1^{(1)}, \cdots, \theta_m^{(1)}, \theta^{(2)}, u_1^1, \cdots, u_n^1, \cdots, u_1^p, \cdots, u_n^p]$$

$$(3.37)$$

根据 LM 算法,向量 $\boldsymbol{W}$ 的迭代调整规则为

$$\begin{cases} \Delta\boldsymbol{W}(q) = -\left[\boldsymbol{J}^{\mathrm{T}}(\boldsymbol{W}(q)) \cdot \boldsymbol{J}(\boldsymbol{W}(q)) + \mu(q) \cdot \boldsymbol{I}\right]^{-1} \cdot \boldsymbol{J}^{\mathrm{T}}(\boldsymbol{W}(q)) \cdot \boldsymbol{E}(\boldsymbol{W}(q)) \\ \boldsymbol{W}(q + 1) = \boldsymbol{W}(q) + \Delta\boldsymbol{W}(q) \end{cases}$$

$$(3.38)$$

式中,q 是迭代上限;I 是单位矩阵;μ 是学习速率;$J(W)$ 是 W 的雅可比矩阵。

如果在某一次学习迭代中 SSE 的值没有减小,则令 $\mu=\mu\cdot\lambda$,其中 $\lambda>1$,然后重复这次学习直至 SSE 的值减小;如果在某一次学习迭代时,产生了更小的 SSE 值,则在下一次学习迭代中令 $\mu=\mu/\lambda$;如此,可使 LM 算法每一次学习迭代都能够使 SSE 减小[25]。

$$J(W)=\begin{vmatrix} \dfrac{\partial e_1}{\partial a_1^1} & \cdots & \dfrac{\partial e_1}{\partial \omega_{11}^1} & \cdots & \dfrac{\partial e_1}{\partial v_1} & \cdots & \dfrac{\partial e_1}{\partial \theta_1^{(1)}} & \cdots & \dfrac{\partial e_1}{\partial \theta^{(2)}} & \cdots & \dfrac{\partial e_1}{\partial u_n^p} \\ \dfrac{\partial e_2}{\partial a_1^1} & \cdots & \dfrac{\partial e_2}{\partial \omega_{11}^1} & \cdots & \dfrac{\partial e_2}{\partial v_1} & \cdots & \dfrac{\partial e_2}{\partial \theta_1^{(1)}} & \cdots & \dfrac{\partial e_2}{\partial \theta^{(2)}} & \cdots & \dfrac{\partial e_2}{\partial u_n^p} \\ \vdots & \ddots & \vdots & \ddots & \vdots & \ddots & \vdots & \ddots & \vdots & \ddots & \vdots \\ \dfrac{\partial e_s}{\partial a_1^1} & \cdots & \dfrac{\partial e_s}{\partial \omega_{11}^1} & \cdots & \dfrac{\partial e_s}{\partial v_1} & \cdots & \dfrac{\partial e_s}{\partial \theta_1^{(1)}} & \cdots & \dfrac{\partial e_s}{\partial \theta^{(2)}} & \cdots & \dfrac{\partial e_s}{\partial u_n^p} \end{vmatrix} \tag{3.39}$$

如图 3.15 所示,基于 LM 算法的 DPFPNN 学习步骤具体如下。

步骤 1:确定 DPFPNN 的结构并设置学习误差精度 ε,最大迭代次数 M,初始化过程神经网络参数 $a_i^{(p)}$、$\omega_{ij}^{(p)}$、$u_i^{(p)}$、v_j、$\theta_j^{(1)}$、$\theta^{(2)}$ 和迭代次数 q;

步骤 2:将所有样本输入到 DPFPNN,计算误差平方和 SSE 及矩阵 $J(W)$;

步骤 3:根据式(3.38)调整参数向量 W,将调整后的参数向量代入式(3.30)重新计算 SSE;如果新 SSE 的值大于步骤 2 中的 SSE 则重复步骤 3;如果新 SSE 的值小于步骤 2 中的 SSE,则转到步骤 4;

步骤 4:如果 SSE 小于 ε 或者 q 大于 M,则转到步骤 5;否则转到步骤 3;

步骤 5:输出学习结果,停止。

Test14-1 次试车中,扬程数据可以构成下列时间序列,即

$$X_{\theta_2}^{\text{Test14-1}}=\{x_1^{\text{Test14-1}},\ x_2^{\text{Test14-1}},\ \cdots,\ x_{4\,000}^{\text{Test14-1}}\} \tag{3.40}$$

将序列中连续的 10 个元素 $\{x_i^{\text{Test14-1}}\}_{i=l}^{l+9}(l=1,2,3,\cdots,3\,991)$ 拟合成关于时间的函数 $x(t)$ 作为输入,以相邻的 $x_{l+10}^{\text{Test14-1}}$ 作为期望输出。以此可以将式(3.41)所示的序列转化为如下学习样本,即

$$\{x_r^{\text{Test14-1}},\ x_{r+1}^{\text{Test14-1}},\ \cdots,\ x_{r+9}^{\text{Test14-1}};\ d_r=x_{r+10}^{\text{Test14-1}}\}_{r=1}^{3\,990} \tag{3.41}$$

采用试探方法,可获得网络拓扑结构为 1-24-1;采用傅里叶函数系,对 $x(t)$、$\omega_{ij}(t)$ 及 $u_i(t)$ 进行展开,基函数取 32 个。第 2 层的各个单元的激励函数取 Sigmoid 函数,即 $f(x)=1/(1+e^{-x})$,第 3 层的激励函数取 $g(x)=x$。采用 LM 算法,对式(3.41)所示的样本进行学习,学习误差精度设为 0.001。DPFPNN 学习 9

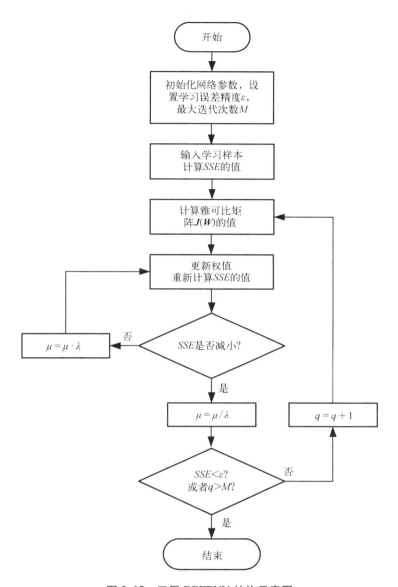

图 3.15　三层 DPFPNN 结构示意图

次后收敛,DPFPNN 进行学习的效果可参见图 3.16。

3. 故障预测过程

当网络输出为数值时,可采用外推方式进行多步预测,具体方法如下。

设待预测时间序列为 $\{x_l\}$,应用当前时刻的序列 $\{x_l, x_{l-1}, \cdots\}$ 对于将来时刻的序列 $\{x_{l+1}, x_{l+2}, \cdots, x_{l+h}\}$($h > 1$) 进行预先估计时,可由 PNN 的计算得到 $l+1$ 时刻的预测值 x'_{l+1},然后将 x'_{l+1} 与之前的序列值进行函数拟合,得到 PNN 新的输

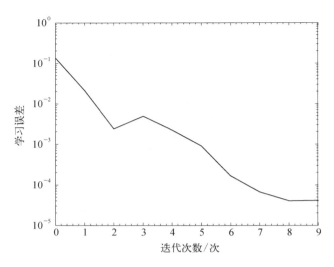

图 3.16　DPFPNN 学习误差曲线

入,然后外推计算 $l+2$ 时刻的预测值 x'_{l+2};以此类推,可以获得 $l+1$ 时刻到 $l+h$ 时刻的全部预测值 x'_{l+1},x'_{l+2},$\cdots$,x'_{l+h}。本节取 $h=10$,每次输入 10 个氧涡轮泵扬程值,外推预测后得到 10 个涡轮泵扬程值,即每步预测未来 1 s 内的变化。考虑到工况转化耗时和各种噪声干扰等因素的影响,故障预测的判断条件采用持续性原则,即只有连续出现 N 次可能的异常情况才,判定系统将要出现故障。考虑到发动实际工况转化耗时至多需要 0.4 s,因此,N 取为 4。

图 3.17 所示为 Test14－3 热试车稳态过程氧涡轮泵扬程故障预测曲线。从图 3.17 可以看出,由 PNN 建立的预测模型可以有效地对氧涡轮泵扬程的变化趋势进行预测;根据各个工况的故障阈值可以判定,整个稳态过程氧涡轮泵工作正常。

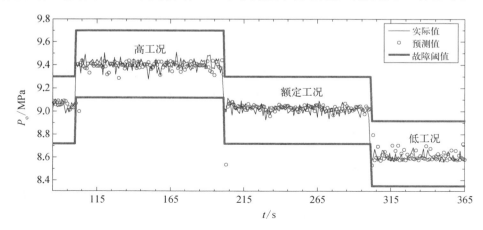

图 3.17　Test14－3 次试车 P_o 故障预测

图 3.18 给出了 Test14 - 3 热试车稳态过程氧涡轮泵扬程预测误差曲线,从中可以看出,每到工况转换过程,预测误差都会明显变大。

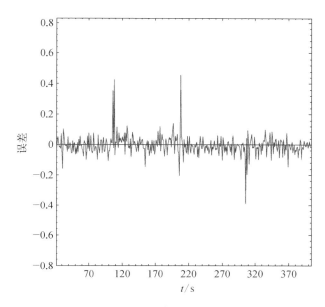

图 3.18　Test14 - 3 次试车 P_o 预测误差

为了全面考察 PNN 的预测能力,分别采用平均相对误差绝对值(mean absolute relative error, MARE)和归一化均方根误差(normalized root mean square error, NRMSE)对 PNN 输出值的准确性和计算的鲁棒性实施评价。

将 MARE 定义为

$$\mathrm{MARE} = \frac{1}{n} \sum_{i=1}^{n} \left| \frac{x(i) - \tilde{x}(i)}{x(i)} \right| \qquad (3.42)$$

将 NRMSE 定义为

$$\mathrm{NRMSE} = \frac{\sqrt{\dfrac{1}{n} \sum_{i=1}^{n} \left[x(i) - \tilde{x}(i) \right]^2}}{\sqrt{\dfrac{1}{n} \sum_{i=1}^{n} \left[x(i) - \tilde{x} \right]^2}} \qquad (3.43)$$

式中, $x(i)$ 为时间序列的真实值; $\tilde{x}(i)$ 为 $x(i)$ 相应的估计值; $\tilde{x}$ 为序列的均值,即 $\tilde{x} = \dfrac{1}{n} \sum_{i=1}^{n} x(i)$ 。

显然,PNN 计算输出的准确性越高,MARE 值越小,而误差波动越小,则

NRMSE 值越小[41]。按照上述方法,可以得到 Test14‐3 热试车稳态阶段氧涡轮泵扬程预测的 MARE 值为 2.95%,NRMSE 值为 0.472,平均预测耗时 0.058 s。可见,该预测模型能够较好地预测 P_o 的变化过程,能够用来解决 P_o 的故障预测问题。

　　为分析预测精度的变化情况,统计了 Test14‐3 次热试车氧涡轮泵扬程不同工况的 MARE 值,如表 3.3 所示。可以看出,随着时间的累积,MARE 值由 2.56% 增加到了 3.34%,这是因为 PNN 为离线预测模型,随着预测误差的不断累积,预测精度会有所降低。另外,PNN 的学习目标是使所有样本的统计误差最小化,会出现网络对部分样本学习效果较好,对另一部分样本学习效果较差,但总体学习效果还能够满足学习精度要求的现象。所以,PNN 会对时间序列的各个阶段表现出不一样的计算性能。

表 3.3　LRE 故障预测与隔离层次功能

工况名称 \\ 统计特征	各工况时长	各工况 MARE 值	稳态过程 MARE 值
额定	3～103 s	2.56%	
高	103～203 s	2.86%	2.95%
低	203～303 s	3.12%	
低	303～403 s	3.34%	

　　图 3.19 与图 3.20 分别给出了 Test14‐3 次热试车氧涡轮泵泄氧氦腔压力和动密封泄氧腔压力的故障预测曲线。可以看出,上述故障预测参数的预测值均未超出故障阈值,Test14‐3 次热试车氧涡轮泵工作正常。采用同样的方法,对 Test14‐3

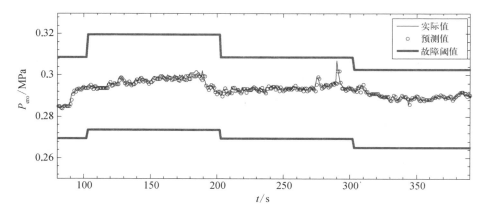

图 3.19　Test14‐3 次试车 P_{ero} 故障预测

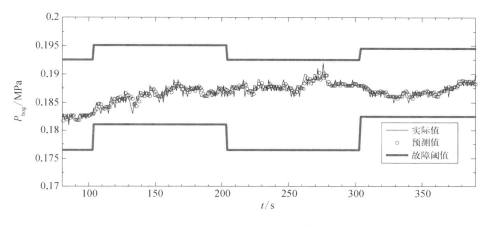

图 3.20　Test14 - 3 次试车 P_{hog} 故障预测

次热试车其他组件进行故障预测,预测结果为各组件工作状态均为正常。因此,判定发动机工作正常,预测结果与事后分析结果一致。

表 3.4 给出了 Test14 - 3 次热试车氧涡轮泵稳态阶段故障预测参数预测值的统计特性,其中氧涡轮泵扬程的 MARE 值最大,氧涡轮泵流量的 NRMSE 值最大,最长平均预测耗时为 0.058 s。对 Test14 - 3 次热试车全部组件的故障预测参数进行统计,最大的 MARE 值为 3.05%,最大的 NRMSE 值为 0.874,最长的平均预测耗时为 0.058 s。可见,基于 PNN 的故障预测方法能够以较高的预测精度,对 Test14 - 3 次热试车发动机稳态阶段的工作状态进行预测,并满足一定的实时性要求。

表 3.4　Test14 - 3 次试车氧涡轮泵故障预测参数预测结果

故障预测参数	MARE	NRMSE	平均预测耗时
氧涡轮泵扬程 P_o	2.95%	0.472	0.058 s
氧涡轮泵泄氧氦腔压力 P_{hog}	2.78%	0.466	0.057 s
氧涡轮泵动密封泄氧腔压力 P_{ero}	2.88%	0.457	0.058 s
氧涡轮泵流量 q_{mpo}	2.87%	0.477	0.057 s

为进一步分析 PNN 的预测能力,以 Test14 - 3 次热试车氧涡轮泵扬程预测为例,在相同条件下分别对未来 1.1 s、1.2 s、1.3 s、1.4 s 和 1.5 s 的数据进行预测,其结果如表 3.5 所示。可见,随着预测时长的增加,PNN 的预测精度逐渐下降,在 MARE 值为 3% 的条件下,该网络最多可以对氧涡轮泵扬程未来 1.3 s 内的数据变化进行准确预测。对 Test14 - 3 次试车其他故障预测参数进行同样的测试,结果是

预测时间为 1.3 s 时,MARE 值均不超过 3%。因此,PNN 对 Test14 - 3 次试车的极限预测时间为 1.3 s。

表 3.5　Test14 - 3 次试车不同预测时长条件下 P_o 预测结果对比

预测时长/s	MARE	NRMSE	平均预测耗时
1.1	2.98%	0.436	0.057 s
1.2	3.04%	0.455	0.058 s
1.3	3.13%	0.451	0.062 s
1.4	4.51%	0.583	0.059 s
1.5	8.63%	1.159	0.059 s

采用相同的方法对 Test13 - 4 次热试车发动机各组件进行故障预测,部分故障预测参数的预测结果如图 3.21 ~图 3.26 所示。图 3.22 给出了氧增压气蚀管出口压力的预测曲线,PNN 预测到 120 s 后出口压力有明显下降的趋势,根据持续性准则,在 127 s 预测到未来 1 s 内出口压力值连续 4 次超过故障阈值,所以判断氧增压气蚀管将要发生故障,故障预警时刻为 127 s。在 127 s 时,其他组件均没有发生故障预警,因此判定发动机故障位置为氧增压气蚀管。结合图 3.21,根据式(3.16)可知,故障特征量为 $e_t = (0, -1)$,根据式(3.18)可知氧增压气蚀管将出现泄漏故障,故障类型与事后故障分析结论一致。截止到 127 s,Test13 - 4 次热试车中最大的 MARE 值为 3.11%,最大的 NRMSE 为 0.745,最长平均预测耗时为 0.059 s。可见,基于 PNN 的故障预测方法有效实现了对 Test13 - 4 次热试车的故障预测。

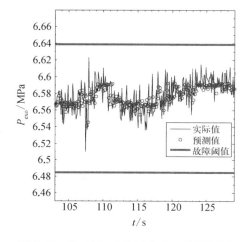

图 3.21　Test13 - 4 次试车 P_{exo} 故障预测

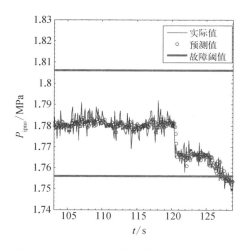

图 3.22　Test13 - 4 次试车 P_{ipno} 故障预测

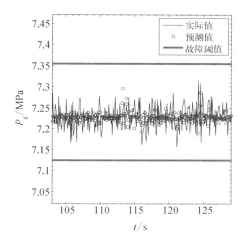

图 3.23　Test13 - 4 次试车 P_g 故障预测

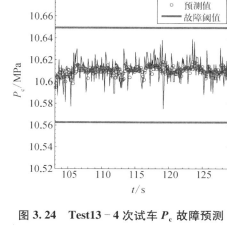

图 3.24　Test13 - 4 次试车 P_c 故障预测

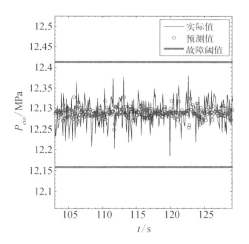

图 3.25　Test13 - 4 次试车 P_{cio} 故障预测

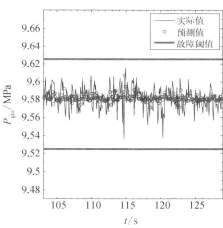

图 3.26　Test13 - 4 次试车 P_{gio} 故障预测

由 Test13 - 4 次热试车故障预测结果可知,在氧增压气蚀管发生泄漏故障时,发动机其他组件并未受到影响。其主要原因包括:① 推进剂泄漏流量较小,经事后分析,氧增压气蚀管的泄漏率为 16%,由于发动机工作时间短、泄漏时间有限,在故障发生后,短时间内难以影响到其他组件;② 氧增压气蚀管属于发动机末端组件,且故障发生后压力损失较小,短时间内故障影响难以波及其他组件;③ 推进剂进入推力室前主要由涡轮泵提供增压动力,氧增压气蚀管短时间泄漏并不能影响推进剂供应,LRE 的燃烧器等核心组件受到的影响非常有限。

在对某大型 LRE 开展故障预测研究中,共有 12 次该发动机地面热试车数据,其包含有三种发动机状态:第一种是正常的 LRE 数据,共 5 次;第二种是发生了突变故障的试车数据,共 2 次;第三种是有缓变故障的试车数据,共 5 次。7 次故障数据包括 5 种不同的故障类型,分别为氢冷排气蚀管路堵塞、氧增压软管路泄漏、氧涡轮泵效率异常、氧涡轮泵密封失效和氢涡轮泵效率异常。研究中,从对发动机故障能及时预测和对发动机正常试车不误判两个指标,对本小节基于 PNN 的故障预测方法进行考核,12 次 LRE 稳态过程数据的故障预测的结果可见表 3.6。考核结果表明,基于 PNN 的故障预测方法对 5 正常试车数据没有误警,对 2 次突变故障数据和 5 次缓变故障数据没有漏警,并正确判断出 5 种故障的部位和模式。与该型号 LRE 所使用的 ATA 故障检测算法[20,21]、管路故障隔离方法[20]和 ANFIS 故障隔离方法[20]相比,不仅可以更早发现故障,隔离故障能力更强。

表 3.6　LRE 稳态过程故障预测结果

试车代号	ATA 故障检测	管路故障隔离	ANFIS 故障隔离	PNN 故障预测	试后分解分析结果
Test10 – 7	428 s 报警	氢冷排气蚀管故障	—	427 s 氢冷排气蚀管堵塞	氢冷排气蚀管堵塞（突变）
Test13 – 1	正常	—	—	正常	正常
Test13 – 2	正常	—	—	190 s 氧涡轮泵效率异常	氧涡轮泵效率降低（缓变）
Test13 – 3	201.64 s 报警	—	氧涡轮故障	201 s 氧涡轮泵密封失效故障	氧涡轮泵故障,密封侧的涡轮端轴承散套（突变）
Test13 – 4	正常	氧增压软管故障	—	127 s 氧增压软管泄漏故障	氧增压软管泄漏（缓变）
Test13 – 5	正常	氧增压软管故障	—	95 s 氧增压软管泄漏故障	氧增压软管泄漏（缓变）
Test13 – 6	正常	—	—	正常	正常
Test14 – 1	正常	—	—	正常	正常
Test14 – 2	正常	—	—	262 s 氢涡轮泵效率异常	氢涡轮泵轴承保持架碎裂（缓变）
Test14 – 3	正常	—	—	正常	正常
Test14 – 5	正常	—	—	正常	正常
Test14 – 6	正常	—	—	327 s 氢轮泵效率异常	氢涡轮泵轴承保持架破损（缓变）

　　由上述验证可知,PNN 可以有效地对发动机稳态数据进行故障预测,但是还存在以下几个问题:① 固定的故障阈值不能根据故障预测参数的变化进行调整,如果故障阈值设置不当,极易发生漏警或误警现象;因此,在实际工程中故障阈值的设置较为宽松,这样就会使故障预警时间延迟较大;② 发动机稳定工作阶段如

果进行工况调整,那在工况调节阶段,数据模式会随之发生变化,应用一般过程神经过程进行故障预测时容易产生较大误差,如图 3.18 所示;③ 由于一般过程神经网络采用离线模型进行故障预测,网络参数无法更新,由于自适应能力问题,对故障后的系统状态预测能力较差,可见图 4.6~图 4.10;④ 每种工况的 PNN 预测模型都只能通过相同工况的数据训练获得,难以对缺乏历史数据的工况调节时序进行预测。因此,要实现对发动机系统有效而及时的故障预测,还需要提出新的或者改进原有的故障阈值算法以及 PNN 预测方法。

3.5.4　启动过程故障预测

基于带宽系数训练方法获得的故障阈值,仅适用于平稳数据的故障预测,如图 3.17 所示的不同工况数据。对于某一次发动机的实际工作过程来说,其测量数据在启动阶段和关机阶段,通常呈现出的是非平稳状态,其数据的均值与方差是时变函数。本小节将重点研究针对非平稳数据,构造具有时变特性的故障阈值,解决对发动机瞬变过程的故障预测问题。

1. 故障阈值确定方法

由于对 LRE 关机过程进行故障预测的工程意义不大,因此,仅对发动机启动过程进行故障预测研究与分析。发动机启动过程故障预测参数的变化规律,主要由发动机系统组件的启动时序、管路与阀门特性、燃气发生器与燃烧室的点火特性等条件决定。当发动机定型后,这些条件基本不会发生变化,即使发动机的工作时序不同,启动过程的数据特征与变化趋势也基本相同。由于发动机启动过程的数据具有较强的复现性,因此可认为,不同批的数据具有相同的均值函数与方差函数。根据启动过程训练数据,选定设计函数(design functions, DF),可以在一定精度要求下,对均值函数 $\mu_X(t)$ 与方差函数 $\sigma_X^2(t)$ 进行拟合;根据非平稳随机过程的统计学规律,利用拟合好的 $\mu_X(t)$ 与 $\sigma_X^2(t)$,计算出启动过程的故障阈值。

设某一故障预测参数数据 $X(t)$ 的均值函数与方差函数分别为 $\mu_X(t)$ 和 $\sigma_X^2(t)$,标准差函数为方差函数的算术平方根 $\sigma_X(t)$,则 $X(t)$ 的正常取值区间为[42]

$$[\mu_X(t) - \sigma_X(t), \mu_X(t) + \sigma_X(t)] \tag{3.44}$$

取一组选定的基函数,即

$$\boldsymbol{F}(t) = \begin{bmatrix} f_1(t) \\ f_2(t) \\ \vdots \\ f_n(t) \end{bmatrix} \tag{3.45}$$

在一定精度条件下, $\mu_X(t)$ 与 $\sigma_X(t)$ 可以分别表示为基函数 $F(t)$ 的展开式, 如式(3.46)和式(3.47)所示。

$$\mu_X(t) = \begin{bmatrix} a_1 & a_1 & \cdots & a_n \end{bmatrix} \begin{bmatrix} f_1(t) \\ f_2(t) \\ \vdots \\ f_n(t) \end{bmatrix} = \boldsymbol{A} \times \boldsymbol{F}(t) \tag{3.46}$$

$$\sigma_X(t) = \begin{bmatrix} b_1 & b_1 & \cdots & b_n \end{bmatrix} \begin{bmatrix} f_1(t) \\ f_2(t) \\ \vdots \\ f_n(t) \end{bmatrix} = \boldsymbol{B} \times \boldsymbol{F}(t) \tag{3.47}$$

从启动阶段数据中选取 m 组正常数据, 每组数据时刻 t_j ($t_j = k \times \Delta t$, Δt 为采样周期, k 为正整数)均值函数值 $\mu_X(t_j)$ 值与标准差函数值 $\sigma_X(t_j)$, 可分别按照下式进行估计[43], 即

$$\bar{x}_{t_j} = \sum_{i=1}^{k} \frac{x_i}{k} \tag{3.48}$$

$$\bar{s}_{t_j} = \sqrt{\frac{1}{k(k-1)} \sum_{i=1}^{k} (x_i - \bar{x})^2} \tag{3.49}$$

一般地, 每组数据取 n 个时刻点, 分别计算 $\bar{x}_{t_j}$ 和 $\bar{s}_{t_j}$, 其中 $j = 1, 2, \cdots, n$。

按照式(3.48)和式(3.49), 在 t_j 时刻一共可以得到 m 组 $\bar{x}_{t_j}$ 和 $\bar{s}_{t_j}$, 则启动阶段 $\mu_X(t_j)$ 和 $\sigma_X(t_j)$ 的估计值 $E_X(t_j)$ 和 $S_X(t_j)$ 可分别取为

$$E_X(t_j) = \frac{\sum_{i=1}^{m} \bar{x}_{t_j}^i}{m} \tag{3.50}$$

$$S_X(t_j) = \frac{\sum_{i=1}^{m} \bar{s}_{t_j}^i}{m} \tag{3.51}$$

其中, i 表示 m 组数据中的第 i 组。

结合式(3.46)和式(3.50), 有

$$\mu_X(t_j) = \begin{bmatrix} a_1 & a_1 & \cdots & a_n \end{bmatrix} \begin{bmatrix} f_1(t_j) \\ f_2(t_j) \\ \vdots \\ f_n(t_j) \end{bmatrix} = \boldsymbol{A} \times \boldsymbol{F}(t_j) = E_X(t_j) \tag{3.52}$$

对于划分好的 n 个时刻点,有

$$E = \begin{bmatrix} E_X(t_1) \\ E_X(t_2) \\ \vdots \\ E_X(t_n) \end{bmatrix} = A \times \begin{bmatrix} F(t_1) \\ F(t_2) \\ \vdots \\ F(t_n) \end{bmatrix} = AF \tag{3.53}$$

由方程组(3.53)即可求出 $\mu_X(t)$ 的展开系数 $A = \begin{bmatrix} a_1 & a_1 & \cdots & a_n \end{bmatrix}$,进而获得启动阶段的均值函数,同理也可得到启动阶段的标准差函数;最后根据式(3.44)计算所有采样时刻的故障阈值。

由于每次试车干扰影响及系统误差不尽相同,启动阶段故障预测参数值不可能完全一致,必然存在着差别。因此,故障阈值应适当放宽,以降低误警率。为此,引入阈值改进宽度 Δw,对式(3.44)进行改进,那么 t 时刻的故障阈值为

$$[\mu_X(t) - \sigma_X(t) - \Delta w, \ \mu_X(t) + \sigma_X(t) + \Delta w] \tag{3.54}$$

阈值改进宽度 Δw,反映了不同批次数据之间的波动与差别。可采用下述方法计算启动阶段故障预测参数的阈值改进宽度。

对于某故障预测参数,取 h 组启动阶段的正常数据,分别计算运行期间每段数据的均值 $l_1, \cdots, l_h$,则该故障预测参数的阈值改进宽度 Δw 为

$$\Delta w = \max(l_1, l_2, \cdots, l_h) - \min(l_1, l_2, \cdots, l_h) \tag{3.55}$$

用上述方法得到的故障阈值,拥有较好的适用性,在现实工程中可有效减小故障预测的误警率。

备注 3.5:使用合适的 DF 是计算非平稳数据故障阈值的关键。常见的时域设计函数主要有正弦函数、余弦多函数、样条函数、小波函数与 Wlalsh 函数等。目前,DF 的选择主要靠专家经验和事后分析。例如,对于涡轮泵振动数据,设计函数可选择三角函数,并采用快速傅里叶变换(fast Fourier transform,FFT)方法挖掘数据的频域信息,以此来确定三角函数的频率。

针对各种数据特性,可以依据以下规律构造的 DF。

(1)若系统数据具有明显的线性趋势,那么可以选用一次多项式,$F(t) = \begin{bmatrix} 1, & t \end{bmatrix}^T$ 作为 DF。

(2)若系统数据幅值范围比较宽,且拐点较大,那么可以选择高阶多项式 $F(t) = \begin{bmatrix} 1, & t, & t^2, & \cdots, & t^n \end{bmatrix}^T$ 作为 DF。

(3)若系统数据存在明显的周期性变化趋势,那么可以选择正弦或者余弦函数等作为 DF,例如 $F(t) = \begin{bmatrix} 1, & \sin \omega t, & \cos \omega t, & \cdots \end{bmatrix}^T$。

(4)更为复杂的系统数据可以尝试样条、小波、混合多项式和 Wlalsh 函数等。

2. 启动过程故障预测策略

由于最开始的一段时间内,PNN 没有输入,无法进行故障预测。因此,要分两个阶段分别采用故障检测策略和故障预测策略,实现对发动机的状态监控。具体策略如下。

(1) 故障检测阶段。在开始的 $0 \sim t$ 时间段内,网络输入数据不足,此时通过故障预测参数的测量值是否超出其故障阈值来判断发动机是否发生故障,故障检测采用持续性原则,当测量值连续 N 次超出故障阈值时进行报警。

(2) 故障预测阶段。在接下来满足网络输入条件的 Δt 时间段内,通过故障预测参数的预测值是否超出其故障阈值来判断发动机是否会发生故障,同样采用持续性原则,即预测值连续 N 次超出故障阈值时,发出故障预警。

3. 某大型 LRE 启动过程故障预测

以两组启动过程 LRE 试车数据为例,对 LRE 启动过程的 PNN 故障预测方法进行考核。第一组为训练数据,取 Test13 $-$ 1、Test13 $-$ 6、Test14 $-$ 1 和 Test14 $-$ 5 共 4 次热试车正常的启动过程数据,作为 PNN 的训练数据,并根据式(3.53)和式(3.54),计算各组件故障预测参数的故障阈值,时间段为 $0 \sim 3$ s,数据采样周期为 0.1 s。第二组为测试数据,取 Test10 $-$ 7、Test13 $-$ 2、Test13 $-$ 3、Test13 $-$ 4、Test13 $-$ 5、Test13 $-$ 6、Test14 $-$ 3、和 Test14 $-$ 6 共 8 次热试车启动过程数据,作为测试样本。

选择多项式函数 $F(t) = [1, t, t^2, \cdots, t^7]^T$ 作为 DF。采用 3.5.3 小节所述的 DPFPNN 进行故障预测,预测步长取 $h = 1$,以连续 3 个数据作为网络输入,相邻的第 4 个数据作为网络输出构建学习样本;采用 LM 算法实现 DPFPNN 对样本的学习,网络结构取 $1 - 15 - 1$;采用傅里叶正交基函数,对 DPFPNN 的输入及 DPFPNN 的各个节点进行展开,基函数取 16 个,学习误差精度设为 0.001。由于本次测试网络输入为连续 3 个数据,因此在 $0.1 \sim 0.3$ s 段进行故障检测,在 $0.3 \sim 3$ s 段进行故障预测,连续 3 次超出故障阈值视为发生或者将要发生故障。

图 3.27 给出了 Test13 $-$ 3 次热试车氧涡轮泵故障预测曲线。由图可以看出,在故障检测与故障预测阶段,氧涡轮泵扬程、动密封泄氧腔压力与泄氧氦腔压力均没有超出故障阈值。因此,判定 Test13 $-$ 3 次试车氧涡轮泵工作正常。采用同样的方法,对 Test13 $-$ 3 次试车其他组件进行故障预测,预测结果为各组件工作状态均为正常。因此,判定 LRE 运行状态正常,所得结果与合事后分析相符。

表 3.7 给出了 Test13 $-$ 3 次试车氧涡轮泵启动阶段故障预测参数预测值的统计特性,其中氧涡轮泵流量的 MARE 值和 NRMSE 值最大,分别为 1.21% 和 0.188,最长平均预测耗时为 0.051。对 Test13 $-$ 3 次试车启动阶段全部组件的故障预测参数进行统计,最大的 MARE 值为 2.31%,最大的 NRMSE 值为 0.674,最长的平均预测耗时为 0.056 s。可见,基于 PNN 的故障预测方法能够以较高的预测精度对 Test13 $-$ 3 次试车启动阶段的工作状态进行预测,且具有一定的实时性。

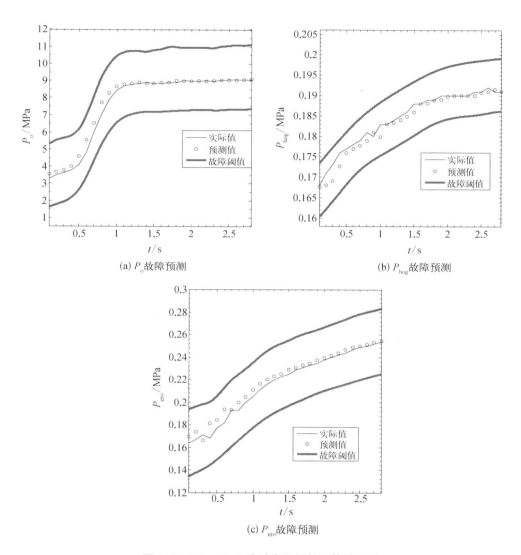

(a) P_{o} 故障预测

(b) P_{hog} 故障预测

(c) P_{ero} 故障预测

图 3.27　Test13-3 次试车氧涡轮泵故障预测

表 3.7　Test13-3 次试车氧涡轮泵故障预测参数预测结果

故障预测参数	MARE	NRMSE	平均预测耗时
氧涡轮泵扬程 P_{o}	1.08%	0.158	0.049 s
氧涡轮泵泄氧氦腔压力 P_{ero}	0.98%	0.136	0.048 s
氧涡轮泵动密封泄氧腔压力 P_{hog}	1.16%	0.152	0.048 s
氧涡轮泵流量 q_{mpo}	1.21%	0.188	0.051 s

为进一步考核验证 PNN 的预测能力,以 Test13-3 次试车氧涡轮泵扬程预测为例,在相同条件下分别对未来 0.1 s、0.2 s、0.3 s 和 0.4 s 的数据进行预测,其结果如表 3.8 所示。在 MARE 值为 3% 的条件下,该网络最多可以对氧涡轮泵扬程未来 0.2 s 内的数据变化进行准确预测。对 Test13-3 次试车其他故障预测参数进行统计,可知预测时间为 0.2 s 时,MARE 值均不超过 3%。因此,PNN 对 Test13-3 次试车的极限预测时间为 0.2 s。

表 3.8　Test13-3 不同预测时间条件下 P_o 预测结果对比

预测时长/s	MARE	NRMSE	平均预测时间
0.1	1.08%	0.158	0.049 s
0.2	1.68%	0.355	0.052 s
0.3	3.74%	0.451	0.048 s
0.4	5.63%	1.159	0.052 s

为考察 PNN 对非稳态数据预测的可靠性,采用大型液氢液氧火箭发动机启动过程试车数据,对基于 PNN 的故障预测方法进行考核。首先,利用 4 次训练数据进行验证;然后用其他 8 次试车数据进行考核验证。4 次训练数据故障预测结果均为正常,与实际试车情况一致,没有发生误报警。如表 3.9 所示,8 次考核数据的故障预测结果均为正常,与实际试车情况一致,没有发生误报警。

表 3.9　大型 LRE 启动阶段故障预测结果

试 车 代 号	基于 PNN 的故障预测方法	实际试车情况
Test10-7	正常	正常
Test13-2	正常	正常
Test13-3	正常	正常
Test13-4	正常	正常
Test13-5	正常	正常
Test13-6	正常	正常
Test14-5	正常	正常
Test14-6	正常	正常

4. 某型液氢液氧火箭发动机启动阶段故障预测

某型液氢液氧 LRE 与 3.5.1 小节所述大型 LRE 的组件构成类似,工作原理相近,但是由于受传感器配置所限,难以建立详细的组件划分模型与相应的故障模式库,因此仅对组件的故障预测进行重点分析,不对故障隔离进行研究。取两组该发动机启动阶段试车数据作为验证考核数据,数据具体情况如下:第一组为训练数据,取 Test61-5、Test61-8b、Test61-9、Test62-1 和 Test63-1 共 5 次热试车正常启动阶段数据作为训练样本,时间段为 0~4 s,数据采样周期为 0.1 s。第二组为测试数据,取 Test06-0、Test06-2、Test15-5、Test61-3、Test61-6、Test61-7a、Test61-7b、Test62-7 和 Test61-8a 共 9 次热试车启动阶段数据作为测试样本。采用 3.5.3 小节所述的 DPFPNN 进行考核试验。

以连续 4 个数据作为 DPFPNN 输入,相邻第 5 个作为期望输出构建样本;DPFPNN 结构取 1-15-1,学习算法取 LM;采用傅里叶正交基函数对输入和其他节点进行展开,基函数取 12 个,学习误差精度取 0.001。故障检测阶段为 0.1~0.4 s,故障预测阶段为 0.5~4 s,故障检测与预测均采用持续性原则,N 均取 3。

图 3.28 给出了 Test06-0 次试车 P_g 与 P_o、q_{mpo} 的故障预测结果。可以看出,PNN 分别于 1.4 s、2.7 s 和 0.4 s 预测到燃气发生器室压、氧涡轮泵流量和氧涡轮泵扬程将要超出故障阈值,同时于 0.4 s 检测到氧涡轮泵扬程超出故障阈值。表 3.10 给出了 Test06-0 次试车各故障预测参数的预测结果,可综合判定发动机于 0.4 s 发生故障。

图 3.29 给出了 Test06-2 次试车 P_g 与 P_o、q_{mpo} 的故障预测结果,表 3.11 给出了 Test06-2 次试车各故障预测参数的预测结果。由图 3.29 可以看出,PNN 分别于 1.5 s、1.3 s 和 1.1 s 预测到燃气发生器室压、氧涡轮泵流量和氧涡轮泵扬程将要超出故障阈值,结合表 3.11,可综合判定发动机将要发生故障的时间为 1.1 s。

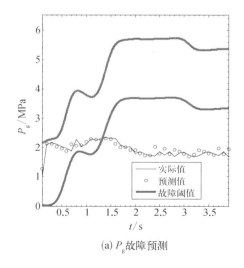

(a) P_g 故障预测

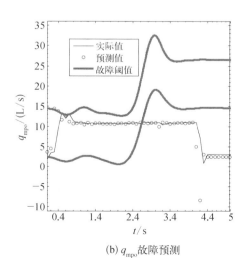

(b) q_{mpo} 故障预测

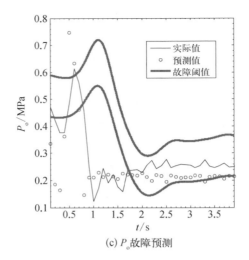

(c) P_o 故障预测

图 3.28 Test06-0 次试车 P_g 与 P_o、q_{mpo} 故障预测

表 3.10 Test06-0 次试车各故障预测参数预测结果

组 件	参 数	预警时间	报警时间	平均预测耗时
氧涡轮泵	流量	2.9 s	—	0.051 s
	扬程	0.4 s	0.4 s	0.048 s
氢涡轮泵	流量	3.0 s	—	0.048 s
	扬程	0.4 s	0.4 s	0.048 s
燃气发生器	室压	1.5 s	—	0.051 s
燃烧室	室压	1.6 s	—	0.049 s

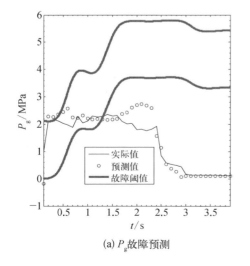

(a) P_g 故障预测

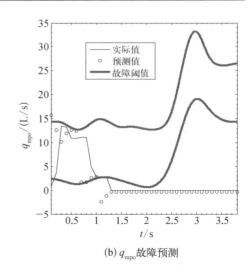

(b) q_{mpo} 故障预测

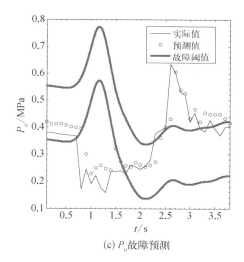

(c) P_o 故障预测

图 3.29　Test06 - 2 次试车 P_g 与 P_o、q_{mpo} 故障预测

表 3.11　Test06 - 2 次试车各故障预测参数预测结果

组　　件	参　　数	预 警 时 间	平均预测耗时
氧涡轮泵	流量	1.3 s	0.049 s
	扬程	1.1 s	0.049 s
氢涡轮泵	流量	1.5 s	0.048 s
	扬程	1.2 s	0.051 s
燃气发生器	室压	1.5 s	0.049 s
燃烧室	室压	1.6 s	0.048 s

表 3.12　某型液氢液氧发动机启动阶段故障预测结果对比

序　　号	PNN 方法	包络线方法
Test06 - 0	故障预警时间 0.4 s	故障报警时间 2.0 s
Test06 - 2	故障预警时间 1.1 s	故障报警时间 2.0 s
Test15 - 5	正常	正常
Test61 - 3	正常	正常
Test61 - 6	正常	正常
Test61 - 7a	正常	正常
Test61 - 7b	正常	正常
Test62 - 7	正常	正常
Test61 - 8a	正常	正常

表 3.12 给出了液氢液氧发动机 9 次启动过程的故障预测结果,并与包络线故障检测方法[21](envelope algorithm, EA)进行了对比。可以看出,基于过程神经网络的故障预测方法成功预测出 9 次试车中 2 次启动过程故障,没有漏报警;对 7 次正常数据没有出现虚警。相对于包络线故障检测方法,该方法可以更早时间预测到故障预测参数的异常趋势,并能够实现液氢液氧发动机启动过程的故障预测。

一般说来,PNN 可以有效地对发动机启动过程进行故障预测,相对于稳定阶段,PNN 对发动机启动过程的预测更为精确。其主要原因如下:① 发动机启动过程数据可复现性强,故障预测难度较低;② 启动过程数据变化形式简单,PNN 预测难度小;③ 启动过程数据量较少,PNN 学习难度小。但是启动过程时间较短,难以反映 PNN 长时间的性能。因此,后续章节都采用稳态过程数据进行仿真实验,以便有效验证 PNN 性能。

3.6 本 章 小 结

针对 LRE 故障预测的功能与要求,本章研究了 LRE 故障预测通用框架与策略;该框架由逐渐递进的两个层次构成,每层重点实现不同的功能。在通用框架与策略的基础上,给出了基于一般 PNN 的 LRE 故障预测与隔离方法及其相关的判断规则与原则。

基于 LRE 地面热试车数据,对所提出的通用框架与策略、故障预测与隔离方法和规则进行了验证;基于预测精度、极限预测时间和平均预测耗时等特性,对故障预测结果进行了分析。研究结果表明,故障预测通用框架与策略能够规范故障预测与隔离的功能和过程;在稳态过程预测阶段,平均相对误差不超过 3%,极限预测时间为 1.3 s,平均预测耗时不超过 0.1 s;在启动过程预测阶段,平均相对误差不超过 3%,极限预测时间为 0.2 s,平均预测耗时不超过 0.1 s;稳态过程和启动过程均未发生误警和漏警,并有效实现了发动机部件级故障隔离。因此,基于 PNN 的故障预测方法能够用于解决 LRE 故障预测问题。然而,还存在如下问题需要解决。

(1)采用带宽系数训练方法获得的故障阈值实质上是一种固定阈值,算法由于考虑不同批次试车数据的特性,由此获得的故障阈值相对宽松,一方面会降低故障预测的及时性,另一方面,当发动机的输入条件发生改变或者发生工况变化时,若故障阈值选取得不合适,则极易出现漏警和误警。

(2)一般的 PNN 为离线预测模型,网络参数无法根据新样本进行学习更新,在发生工况变化时会产生较大误差,并且随着预测时间的增加,预测精度也会有所降低。特别是当故障发生后,数据模式随之发生变化,采用离线 PNN 进行预测时会产生较大的误差。

（3）由于 LRE 变工况不固定,工作条件和环境不一致,采用一般的 PNN 对系统全过程样本进行学习和建模时,会使得 PNN 的建模和参数优化难度增大。

（4）每种工况的 PNN 预测模型都只能通过相同工况的数据训练获得,难以对缺乏历史数据的变工况状态进行有效预测。同时,LRE 工况不完全固定,稳定过程数据模式变化幅度较大,其样本数量、质量和代表性等对 PNN 的预测性能有较大影响,样本选取不当,会造成故障预测性能下降。

（5）一般的 PNN 是以统计误差最小化为学习目标,这会使网络对局部信息利用不充分,产生局部预测误差偏大的问题,降低了 PNN 故障预测的稳定性。

（1）和（2）实质上是因为一般的 PNN 预测模型为离线模型,不具备增量学习能力,无法根据数据样本的更新改变网络参数。因此,随着发动机测量数据的累积与数据特性的变化,网络的适应能力逐渐下降,预测精度也会有所降低。（3）~（5）从本质上反映了一般的 PNN 泛化能力有限的问题,而 PNN 的泛化能力直接关系到 PNN 解决 LRE 故障预测问题的能力。因此,后续章节将对此进行重点研究与分析。另外,对 LRE 故障预测参数故障阈值进行合理设置,也是实现发动机故障预测与隔离的关键,第 4 章将重点研究这个问题。

参考文献

［1］　李荣雨,荣冈.基于故障映射向量和结构化残差的主元分析（PCA）故障隔离［J］.控制理论与应用,2008,25(6)：219-224.

［2］　邱立鹏,姚海妮,王珍,等.基于主元分析与动态时间弯曲的故障诊断方法及应用研究［J］.计算机测量与控制,2016,15(1)：92-94.

［3］　杨尔辅,张振鹏,刘国球.应用 BP-ART 混合神经网络的推进系统状态监控系统［J］.推进技术,1999,20(6)：10-15.

［4］　谷吉海.计算智能方法在航天器故障诊断中的应用研究［D］.哈尔滨：哈尔滨工业大学,2005.

［5］　谭伦慧,张礼达.基于 BP 模糊神经网络的水轮发电机组故障诊断方法［J］.水力发电,2009,35(8)：56-58.

［6］　Hopkins R C, Benzing D. SSME Condition Monitoring Using Neural Networks and Plume Spectra Signatures［R］. AIAA-96-2824, 1996.

［7］　Wheeler K R, Dhawan A P, Meyer C. SSME Sensor Modeling Using Radial Basis Function Neural Networks［R］. AIAA-94-3299, 1994.

［8］　Liu J, Ji H P. Neural Network-based Association Rules for Fault Diagnosis［J］. Industrial Engineering Journal, 2011, 14(2)：118-121.

［9］　张歆炀,帕孜来·马合木提.基于故障树与键合图的贝叶斯网络故障诊断［J］.电测与仪表,2016(2)：21-26.

［10］　曹泰岳.火箭发动机动力学［M］.长沙：国防科技大学出版社,2004.

［11］　陈启智.液体火箭推进系统健康监控技术的演变［J］.推进技术,1997,18(1)：1-7.

［12］　王之任.近代大型液体火箭发动机的特点［J］.推进技术,1991,12(4)：29-35.

［13］ 程谋森,刘昆,张育林.液氢液氧火箭发动机预冷与启动过程数值模拟综述[J].推进技术,2002,23(3):177-181.

［14］ 魏鹏飞,吴建军,刘洪刚,等.液体火箭发动机一种通用模块化仿真方法[J].推进技术,2005,26(2):147-150.

［15］ 张育林,刘昆,程某森.液体火箭发动机动力学理论与应用[M].北京:科学出版社,2005.

［16］ 张黎辉.补燃循环液体火箭发动机静态与动态特性的工程研究[D].北京:北京航空航天大学,1999.

［17］ 白晓瑞.液体火箭推进系统动态特性仿真研究[D].长沙:国防科学技术大学,2008.

［18］ 聂万胜,丰松江.液体火箭发动机燃烧动力学模型与数值计算[M].北京:国防工业出版社,2011.

［19］ 张黎辉,李伟,段娜.液体火箭发动机模块化通用仿真[J].航空动力学报,2011,26(3):687-691.

［20］ 李艳军.新一代大推力液体火箭发动机故障检测与诊断关键技术研究[D].长沙:国防科学技术大学,2014.

［21］ 谢廷峰.液体火箭发动机健康监控关键技术研究[D].长沙:国防科学技术大学,2008.

［22］ 张贵田.高压补燃液氧煤油发动机[M].北京:国防工业出版社,2005.

［23］ 加洪.液体火箭发动机结构设计[M].任汉芬,颜子初,等译.北京:中国宇航出版社,1992.

［24］ 魏鹏飞.可重复使用液体火箭发动机智能减损控制方法研究[D].长沙:国防科学技术大学,2005.

［25］ Childs D W. Fluid Structure Interaction Forces at Pump Impeller Surface for Axial Vibration Analysis[J]. Journal of Vibration and Acoustics, 1991, 6(113):108-114.

［26］ 程玉强.可重复使用液体火箭发动机关键部件损伤动力学与减损控制方法研究[D].长沙:国防科学技术大学,2009.

［27］ 刘昆.分级燃烧循环液氧/液氢发动机系统分布参数模型与通用仿真研究[D].长沙:国防科学技术大学,1999.

［28］ Cao J, Wang J. Global Asymptotic Stability of a General Class of Recurrent Neural Networks with Time-varying Delays[J]. IEEE Transactions on Circuits and Systems-I: Fundamental Theory and Applications, 2003, 50(1):34-44.

［29］ Wakuya H, Zurada J M. Time Series Prediction by a Neural Network Model based on the Bi-directional Computation Style[C]. Como: Proceedings of the International Joint Conference on Neural Networks, 2000.

［30］ Ding G, Zhong S S. Time Series Prediction by Parallel Feedforward Process Neural Network with Time-varied Input and Output Functions[J]. Neural Network World, 2005, 15(2):137-147.

［31］ 盛聚,谢式千,潘承毅.概率论与数理统计[M].第二版.北京:高等教育出版社,1989.

［32］ 谢光军.液体火箭发动机涡轮泵实时故障检测技术及系统研究[D].长沙:国防科学技术大学,2006.

［33］ 谢光军,胡莺庆.涡轮泵故障检测系统[J].推进技术,2006,27(2):141-145.

［34］ Otman B, Yuan X H. Engine Fault Diagnosis based on Multi-sensor Information Fusion Using Dempster-shafer Evidence Theory[J]. Information Fusion, 2007, 8(4):379-386.

［35］　周东华,胡艳艳.动态系统的故障诊断技术［J］.自动化学报,2009,8(6):748-758.

［36］　Chen G, Yang Y W, Zuo H F. Intelligent Fusion for Aeroengine Wear Fault Diagnosis［J］. Transactions of Nanjing University of Aeronautics and Astronautics, 2006, 23(4): 297-303.

［37］　夏鲁瑞,胡茑庆,秦国军.转速波动状态下涡轮泵典型故障诊断方法［J］.推进技术,2009, 30(3): 342-346.

［38］　黄强.高压补燃液氧煤油发动机故障检测与诊断技术研究［D］.长沙:国防科学技术大 学,2012.

［39］　葛利.基于过程神经网络的时序数据挖掘研究［D］.哈尔滨:哈尔滨工程大学,2012.

［40］　Hagan M T, Menhaj M B. Training Feedforward Networks with the Marquardt Algorithm［J］. IEEE Transactions on Neutral Networks, 1994, 5(6): 989-993.

［41］　Jacek M L. On Support Vector Regression Machines with Linguistic Interpretation of the Kernel Matrix［J］. Fuzzy Sets and Systems, 2006, 157(8): 1092-1113.

［42］　王梓坤.概率论及其应用［M］.北京:北京师范大学出版社,1995.

［43］　盛骤,谢式千,潘承毅.概率论与数理统计［M］.北京:高等教育出版社,2001.

第4章
基于增量学习的 PNN 故障预测方法

4.1 引　言

　　发动机在稳态阶段工况发生变化时,其故障预测参数的幅值会发生明显改变。固定的故障阈值不能根据故障预测参数的变化进行调整,如果故障阈值设置不当,极易发生误警或漏警。因此,如何使故障阈值根据采集数据进行更新,并具备一定的自适应能力,便成为提高故障预测及时性和准确性首先要解决的问题。朱恒伟等提出了一种基于自适应阈值(adaptive threshold algorithm, ATA)的 LRE 故障检测算法[1],用于解决稳态过程的故障检测问题。该方法在一定程度上克服了固定阈值的缺点,增强了方法的有效性。但是要将该方法用于 LRE 故障预测还有以下问题需要解决:① 故障阈值带宽系数为固定值,没有根据实际情况进行更新;② 方法仅对突变故障有效,当发生缓变故障时,即在短时间内故障导致参数的变化幅度不大,此时 ATA 得到的阈值会随参数的变化而变宽,使得方法失效;③ 方法适应性不强,没有考虑不同批次数据的影响,对于新批次的数据容易发生误警。4.2 节对该问题进行分析。

　　基于一般 PNN 的故障预测方法存在"自适应问题",即网络一旦学习完毕,网络参数无法根据新输入样本进行更新,不具备增量学习(increment learning)的能力,外推预测能力不强,随着时间的推移与发动机工况的变化,PNN 预测的准确度会有所下降,甚至会导致故障预测方法失效。因此,本章的第二个问题是:如何根据新输入样本及时调整 PNN 网络参数,解决 PNN 增量学习问题,使其具备一定的自适应能力,以提高 PNN 对发动机故障预测参数的预测精度,4.4 节与 4.5 节讨论这个问题。

4.2 故障阈值自适应更新方法

　　基于 LRE 故障预测参数测量数据的特点,本节研究基于 ATA 的故障阈值更新方法,以适应 LRE 的实际工作需求,并给出了带宽系数的更新算法与故障阈值更新策略,剔除了故障数据对阈值的影响。最后,利用 LRE 地面热试车数据对故障阈值自适应更新方法进行了验证。

4.2.1　故障阈值更新算法原理

根据公式(3.24)，LRE 稳态数据的故障阈值由数据样本的统计特征 $\bar{X}$、S 和 n 共同决定。当 n 确定后，故障阈值的大小仅与数据样本的 $\bar{X}$ 和 S 相关。$\bar{X}$ 与 S 可分别按式(4.1)和式(4.2)计算，即

$$\bar{X}_N = \frac{1}{N}\sum_{i=1}^{N} x_i \tag{4.1}$$

$$S_N = \sqrt{\frac{1}{N-1}\sum_{i=1}^{N}(x_i - \bar{x}_N)^2} \tag{4.2}$$

式中，N 是数据个数；$\bar{X}_N$ 和 S_N 分别为采集到的第 N 个数据时的样本均值和样本标准方差。

由式(4.1)和式(4.2)可知，计算 $\bar{X}_N$ 需要第 N 个数据及之前所有数据 $x_i(i=1,2,3,\cdots,N)$，计算 S_N 需要第 N 个数据及之前的所有数据 $x_i(i=1,2,3,\cdots,N)$ 与 $\bar{X}_N$。若采用式(4.1)和式(4.2)实时计算样本的均值与标准方差，然后代入式(3.24)计算故障阈值，那么随着时间的推移，用于存储数据的空间将逐渐增大，$\bar{X}_N$ 和 S_N 的计算量会增大，方法运行耗时也会增加，不符合 LRE 的实际工作需要。为解决上述问题，使用实时输入的数据和该数据之前的统计量，采用递推公式来计算 $\bar{X}_N$ 和 S_N，即[2]

$$\bar{X}_N = \bar{X}_{N-1} + \frac{1}{N}(x_N - \bar{X}_{N-1}) \tag{4.3}$$

$$S_N = \sqrt{\frac{N-2}{N-1}S_{N-1}^2 + \frac{1}{N}(x_N - \bar{X}_{N-1})^2} \tag{4.4}$$

根据式(3.10)可计算出 N 时刻的带宽系数 n_N，由此可以得到此时的故障阈值，即

$$[\bar{X}_N - n_N S_N, \ \bar{X}_N + n_N S_N] \tag{4.5}$$

利用式(4.3)~式(4.5)，即可得到实时故障阈值。该算法能够有效降低计算量和数据存储空间。

4.2.2　故障阈值更新策略

由于存在工况变换，在 LRE 整个稳态工作过程，预测参数很难被一个确定的分布函数来描述，但是在额定工况、高工况和低工况不同阶段，故障预测参数的统计规律相对稳定。以额定工况为例，一个完整的额定工况，故障预测参数的统计特征相对稳定，可以看成是稳态数据，整个额定工况阶段数据的统计特性可以近似由部分数据统计特性来代替。因此，可以仅对额定工况初始阶段的故障阈值进行更新，利用该故障阈值作为整个额定工况的故障阈值，这样可以进一步降低计算量并

减少数据存储空间。具体更新策略如下。

第一阶段：在各个工况刚开始的 Δt_1 时间内，采用事先训练好的故障阈值 C_1 进行故障预测；该时间段为数据累积阶段，不进行故障阈值更新。

第二阶段：若在 Δt_1 阶段没有发生故障预警，则在之后的 Δt_2 时间内进行故障阈值更新计算；利用式(4.1)和式(4.2)，计算 Δt_1 时间内故障预测参数的均值估计 $\overline{X}_{\Delta t_1}$ 与标准方差估计 $S_{\Delta t_1}$；然后，根据式(4.3)~式(4.5)对故障阈值进行实时更新，并采用实时故障阈值 C_t 进行故障预测。若在 Δt_2 时间内发生故障预警，则停止故障阈值更新。设发生故障预警的时刻为 t_N，对应的故障阈值为 C_{t_N}，则 t_N 时刻故障预测参数的均值估计和标准方差估计分别取前一时刻的值，即 $\overline{X}_N = \overline{X}_{N-1}$ 和 $\overline{S}_N = \overline{S}_{N-1}$，不根据式(4.3)~式(4.5)对故障阈值更新。t_N 时刻到工况结束时刻整个时间段，均采用 t_N 时刻前一个故障阈值 $C_{t_{N-1}}$ 作为该阶段的故障阈值。

第三阶段：若 Δt_2 阶段没有发生故障预测，则在 Δt_2 之后到该工况结束的 Δt_3 这段时间内，采用 Δt_2 阶段实时更新后的故障阈值 $C_{\Delta t_2}$ 进行故障预测。

上述的三个阶段中，均采用持续性准则进行故障预测，即连续有 N 个故障预测参数的预测值超过故障阈值才进行故障预警。

备注 4.1：故障阈值更新第一阶段为数据积累阶段，由于该阶段属于工况初始阶段，故障预测参数刚开始波动较大，所以此阶段时间 Δt_1 不宜过短。另外，在故障阈值更新阶段时间 Δt_2 内，故障预测参数波动较小，故障预测参数的统计特性变化很小，因此 Δt_2 不宜过长。

采用上述方法进行故障阈值更新的本质是，以平稳数据的部分数据统计特征代替全部平稳数据的统计特性。因此，故障阈值更新时间 $\Delta t_1 + \Delta t_2$ 的设置需要参考历史数据的统计特征和发动机的实际工作特性，根据经验和反复试验来确定。对于本书所述的某大型 LRE 来说，$\Delta t_1 + \Delta t_2$ 一般可以取整个工况时间的 $1/5 \sim 1/2$。另外，持续性准则中 N 的具体取值，需要在发动机工作特性的基础上，结合历次试车数据，并根据专家经验才能最终确定。

4.2.3　仿真验证及结果分析

以 2.5.3 小节中的两组试车数据故障预测过程为例，对故障阈值自适应更新方法进行详细介绍。故障预测所使用的 PNN 模型与故障预测策略与 2.5.3 小节所述相同，即 DPFPNN，其结构和参数设置不变。根据式(4.3)~式(4.5)并采用3.2.2 小节的策略对故障阈值进行自适应更新。故障阈值更新的三个阶段时间设置为：$\Delta t_1 = 20\text{ s}$，$\Delta t_2 = 30\text{ s}$，$\Delta t_3 = 50\text{ s}$。

图 4.1 给出了 Test14-3 次试车中 P_o 的故障预测过程。由图 4.1 可以看出，故障阈值经过更新之后，阈值带明显变窄，更符合 Test14-3 次试车的实际情况。实际

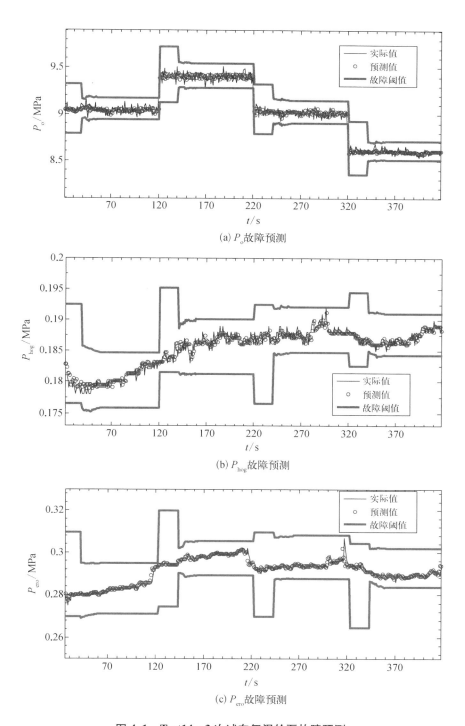

(a) P_o 故障预测

(b) P_{hog} 故障预测

(c) P_{ero} 故障预测

图 4.1　Test14-3 次试车氧涡轮泵故障预测

上,固定故障阈值反映了不同批次试车数据的平均情况,因而相对宽泛;而经过自适应更新后的故障阈值,有效地反映了本次试车数据的具体情况,因而更加精确。

图 4.2 给出了 Test13-4 次热试车氧增压气蚀管入口和出口压力、燃烧室室压和燃气发生器室压的故障预测结果。故障阈值更新三个阶段的时间分别设置为:$\Delta t_1 = 5$ s,$\Delta t_2 = 5$ s,$\Delta t_3 = 20$ s。 由图可以看出,经过故障阈值更新后,Test13-4 次试车氧增压气蚀管出口压力故障预警时间由 127 s 提前到 121 s。同时,发动机其他组件的故障预测参数预测结果均为正常。因此,判断发动机氧增压气蚀管将出现故障,故障隔离结论与 3.5.3 小节一致。

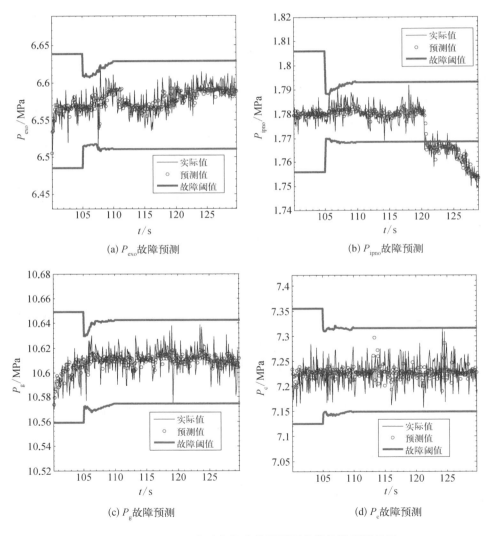

(a) P_{exo} 故障预测

(b) P_{ipno} 故障预测

(c) P_g 故障预测

(d) P_c 故障预测

图 4.2　Test13-4 次试车部分故障预测参数故障预测结果

利用式(4.3)~式(4.5),可以有效对突变故障进行故障预测;但是,当发动机发生缓变故障时,自适应故障阈值会随故障数据自适应变化,导致故障预测失败,见图 4.3(a)。因此,研究中在故障阈值更新第三个阶段,采用固定阈值方法进行故障预测,即使在第二阶段时间过长的情况下仍可实现故障预测,可参见图 4.3(b),但会导致故障预警时间有所推后。

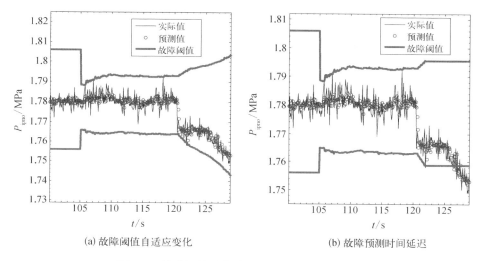

(a) 故障阈值自适应变化　　　　　　　　(b) 故障预测时间延迟

图 4.3　故障阈值随故障数据自适应变化示意图

采用本节的 PNN 故障预测模型与故障阈值自适应更新方法,对 3.5.3 小节中的大型液氢液氧火箭发动机 12 次稳态过程试车数据进行考核,故障预测结果如表 4.1 所示。可以看出,故障阈值自适应更新方法对 5 次正常数据没有误报警,对 2 次突变故障数据和 5 次缓变故障没有漏报警,且预警时间比固定阈值方法均有所提前,提前量至少 2 s,Test13-4 甚至提前 6 s 预警。

表 4.1　发动机稳态阶段故障预测结果

序　号	固定故障阈值	故障阈值自适应更新
Test10-7	427 s 氧增压气蚀管堵塞	425 s 氧增压气蚀管堵塞
Test13-1	正常	正常
Test13-2	190 s 氧涡轮泵效率异常	188 s 氧涡轮泵效率异常
Test13-3	201 s 氧涡轮泵密封失效故障	198 s 氧涡轮泵密封失效故障
Test13-4	127 s 氧增压软管泄漏故障	121 s 氧增压软管泄漏故障
Test13-5	95 s 氧增压软管泄漏故障	93 s 氧增压软管泄漏故障
Test13-6	正常	正常

序　号	固定故障阈值	故障阈值自适应更新
Test14 - 1	正常	正常
Test14 - 2	262 s 氢涡轮泵效率异常	260 s 氢涡轮泵效率异常
Test14 - 3	正常	正常
Test14 - 5	正常	正常
Test14 - 6	327 s 氢轮泵效率异常	325 s 氢涡轮泵效率异常

4.3　基于权值更新的 PNN 预测方法

LRE 的运行过程受使用环境、工况转换与故障等影响,其数据模式会发生一定的改变。因此,要求 PNN 拥有良好的外推性能,即不仅能够复现训练样本的数据模式,还要求在数据模式发生变化时(如工况调节与出现故障时)仍然能够预测出准确结果。由第 2 章的结论可知,一般的 PNN 与传统的 ANN 类似,均属于离线模型,很难根据新增加的数据样本进行增量学习。由于新的待预测样本不断增加,测量和计算误差大量的累积,会使 PNN 的输出精度有所下降。因此,解决 PNN 增量学习问题,使其具备一定的自适应能力,既是工程实际的需要,也有理论方法发展的需要。

4.3.1　暴力算法

解决上述问题最直接的方法是使用暴力算法。暴力算法(brute force algorithm, BFA)是指不采取任何改进方法,直接使用原始公式进行重复计算的方法。其具体过程如下。

设 PNN 的 S 个学习样本为 $M_0 = \{x_{1s}(t), x_{2s}(t), \cdots, x_{ns}(t); d_s\}_{s=1}^{S}$, d_s 为第 s 个样本的目标输出。网络模型待调整参数集合为 W,学习误差精度为 ε_0。当网络对 S 个学习样本完成训练后,有

$$SSE(W) < \varepsilon_0 \tag{4.6}$$

这里,SSE 为平方和误差函数。

设新增加 L 个学习样本,具体为 $M_1 = \{x_{1l}(t), x_{2l}(t), \cdots, x_{nl}(t); d_l\}_{l=1}^{L}$。$d_l$ 为第 l 个样本的目标输出,此时的 SSE 可以重写为

$$SSE = \sum_{i=1}^{S+L} (y_i - d_i)^2 \tag{4.7}$$

其中,y_i 为网络实际输出;d_i 为网络目标输出。

设对 $S+L$ 个样本进行学习的学习误差精度为 ε_1（一般取 $\varepsilon_1 \leqslant \varepsilon_0$），记式（4.7）中的初始值为 $E_0 = SSE(W_0)$。采用 LM 算法，对待调整参数集合 W 进行调整，直到第 n 次调整后满足 $E_n = SSE(W_n) < \varepsilon_1$，结束学习。最后，采用调整后的 W_n，继续对新的待测样本进行计算输出。

应用 BFA 实施增量学习时会调整 PNN 的所有参数，还要对历史和新增的数据进行运算。随着数据的增加，不仅 BFA 所需的存储空间迅速变大，运算量也变得十分巨大。因此，BFA 难以满足 LRE 故障预测时效性要求，有必要研究一种更为快速和便于实现的增量学习方法。

4.3.2　网络输出权值更新方法

为满足 LRE 故障预测需求，根据极限学习机（extreme learning machine，ELM）方法，研究一种 PNN 权值更新方法（weights update PNN，WU－PNN），以解决 PNN 增量学习问题。ELM 是为了提高单隐层前馈 ANN 的训练速度与泛化能力而开发的一种方法。与传统学习算法不同，基于 ELM 算法的神经网络不需要迭代学习，可以直接给出网络输出层的权值，降低了网络学习时间。ELM 算法可以根据样本使得输出层参数的取得最优值。因此，采用 ELM 训练的单隐层前馈 ANN 往往具有更好的泛化能力。

1. ELM 算法基本原理

对具有 n 个输入节点，m 个输出节点与 M 个隐层的前馈 ANN，使用 ELM 算法进行训练。设激励函数为 $f(\cdot)$，K 个样本为 $\{x_{i1}, x_{i2}, \cdots, x_{in}; d_i\}_{i=1}^{K}$，$d_i$ 为第 i 个样本的网络目标输出向量，且 $d_i = [d_{i1}, d_{i2}, \cdots, d_{im}]^{\mathrm{T}}$，则网络输入与输出之间的关系可以表示为

$$out_i = \sum_{j=1}^{M} \beta_i f(w_j \cdot x_i + b_j), \; i = 1, 2, \cdots, K \tag{4.8}$$

式中，$w_j = [w_{j1}, w_{j2}, \cdots, w_{jn}]^{\mathrm{T}}$ 为连接第 j 个隐层神经元与 n 个网络输入之间的连接权向量；$\beta_j = [\beta_{j1}, \beta_{j2}, \cdots, \beta_{jm}]^{\mathrm{T}}$ 为第 j 个隐层神经元与 m 个网络输出之间的连接权向量；b_j 为第 j 个隐层神经元的阈值；$out_i = [out_{i1}, out_{i2}, \cdots, out_{im}]^{\mathrm{T}}$ 为网络输出向量；$x_i = [x_{i1}, x_{i2}, \cdots, x_{in}]^{\mathrm{T}}$ 为第 i 个样本的 n 个输入构成的输入向量；$w_j \cdot x_i$ 表示第 i 个样本的输入向量与第 j 个单元连接权向量的内积。

若网络能够以零误差逼近目标输出，则有

$$out_i = \sum_{j=1}^{M} \beta_i f(w_j \cdot x_i + b_i) = d_i, \; i = 1, 2, \cdots, K \tag{4.9}$$

将式（4.9）所示的方程用矩阵表示，有

$$T = H \cdot \beta \tag{4.10}$$

其中，

$$H(w, x, b) = \begin{bmatrix} f(w_1 \cdot x_1 + b_1) & \cdots & f(w_M \cdot x_1 + b_M) \\ \vdots & \ddots & \vdots \\ f(w_1 \cdot x_K + b_1) & \cdots & f(w_M \cdot x_K + b_M) \end{bmatrix}_{K \times M} \tag{4.11}$$

$$\beta = \begin{bmatrix} \boldsymbol{\beta}_1^{\mathrm{T}} \\ \boldsymbol{\beta}_2^{\mathrm{T}} \\ \vdots \\ \boldsymbol{\beta}_M^{\mathrm{T}} \end{bmatrix}_{M \times m} \tag{4.12}$$

$$T = \begin{bmatrix} \boldsymbol{d}_1^{\mathrm{T}} \\ \boldsymbol{d}_2^{\mathrm{T}} \\ \vdots \\ \boldsymbol{d}_K^{\mathrm{T}} \end{bmatrix}_{K \times m} \tag{4.13}$$

该网络的隐层参数 w_j 与 b_j 可以随机选取。此时，方程(4.10)唯一的未知参数为网络隐层到输出层的权值 $\boldsymbol{\beta}$，以下简称为网络输出权值。神经网络的训练过程可视为寻找等价线性系统最小范数最小二乘解的过程[3]，等价线性系统为

$$\| H\hat{\boldsymbol{\beta}} - T \| = \min_{\beta} \| H\boldsymbol{\beta} - T \| \tag{4.14}$$

其最小范数最小二乘解为

$$\hat{\boldsymbol{\beta}} = H^+ T \tag{4.15}$$

式中，$H^+ = (H^{\mathrm{T}}H)^{-1} H^{\mathrm{T}}$ 为矩阵 H 的 Moore-Penrose 广义逆。

ELM 算法在保证最小训练误差的同时，可以使得网络输出权值最小，从而使得神经网络具有较好的泛化能力。鉴于 ELM 算法的上述优点，本节根据 ELM 算法的权值更新思想，对 PNN 的输出权值进行迭代更新。

2. WU-PNN 方法原理

不失一般性，以 3.5.3 小节中的 DPFPNN 为例，给出 WU-PNN 方法。

假设新增加了 L_0 个 PNN 学习样本，具体为 $\{x_{1l_0}(t), x_{2l_0}(t), \cdots, x_{nl_0}(t);$ $d_{l_0}\}_{l_0=1}^{L_0}$，这里 d_{l_0} 为第 l_0 个样本的目标输出，取 $g(x) = x$。根据式(4.9)，当 DPFPNN 输出误差为零时，有

$$d_{l_0} = \sum_{j=1}^{m} v_j f\left(\sum_{i=1}^{n} \sum_{p=1}^{P} a_{il_0}^{(p)} \omega_{ij}^{(p)} - \theta_j^{(1)} \right) + \sum_{i=1}^{n} \sum_{p=1}^{P} a_{il_0}^{(p)} u_i^{(p)} - \theta^{(2)}, \quad l = 1, 2, \cdots, L_0 \tag{4.16}$$

式中，$\sum\limits_{p=1}^{P} a_{il_0}^{(p)}$、$\sum\limits_{p=1}^{P} \omega_{ij}^{(p)}$ 和 $\sum\limits_{p=1}^{P} u_i^{(p)}$ 分别是 DPFPNN 的输入函数和各个节点函数的通过基函数拟合得到的系数和；$\theta_j^{(1)}$ 和 $\theta^{(2)}$ 为 DPFPNN 相应的阈值；v_j 为 DPFPNN 相应的连接权值。由式(4.16)构成的方程组为

$$T_0 = H_0 \cdot \boldsymbol{\beta}_0 \tag{4.17}$$

$$H_0(\omega, a, \theta_1) = \begin{bmatrix} f\left(\sum\limits_{i=1}^{n}\sum\limits_{p=1}^{P} a_{i1}^{(p)}\omega_{i1}^{(p)} - \theta_1^{(1)}\right) & \ddots & f\left(\sum\limits_{i=1}^{n}\sum\limits_{p=1}^{P} a_{i1}^{(p)}\omega_{im}^{(p)} - \theta_m^{(1)}\right) \\ \vdots & \ddots & \vdots \\ f\left(\sum\limits_{i=1}^{n}\sum\limits_{p=1}^{P} a_{iL_0}^{(p)}\omega_{i1}^{(p)} - \theta_1^{(1)}\right) & \cdots & f\left(\sum\limits_{i=1}^{n}\sum\limits_{p=1}^{P} a_{iL_0}^{(p)}\omega_{im}^{(p)} - \theta_m^{(1)}\right) \end{bmatrix}_{L_0 \times m} \tag{4.18}$$

$$\boldsymbol{\beta}_0 = [v_1, v_2, \cdots, v_m]^{\mathrm{T}} \tag{4.19}$$

$$T_0 = \begin{bmatrix} d_1 - \sum\limits_{i=1}^{n}\sum\limits_{p=1}^{P} a_{i1}^{(p)} u_i^{(p)}(t) + \theta^{(2)} \\ d_2 - \sum\limits_{i=1}^{n}\sum\limits_{p=1}^{P} a_{i2}^{(p)} u_i^{(p)}(t) + \theta^{(2)} \\ \vdots \\ d_{L_0} - \sum\limits_{i=1}^{n}\sum\limits_{p=1}^{P} a_{iL_0}^{(p)} u_i^{(p)}(t) + \theta^{(2)} \end{bmatrix} \tag{4.20}$$

易知，方程组(4.17)中的未知数仅为网络隐层到输出层的权值 $\boldsymbol{\beta}_0$，其他参数在网络进行离线训练时已经调整为确定值。此时，根据式(4.15)可以求出 $\boldsymbol{\beta}_0$，即

$$\boldsymbol{\beta}_0 = (H_0^{\mathrm{T}} H_0)^{-1} H_0^{\mathrm{T}} T_0 = K_0 H_0^{\mathrm{T}} T_0 \tag{4.21}$$

当再次更新 L_1 个样本 $\{x_{1l_1}(t), x_{2l_1}(t), \cdots, x_{nl_1}(t); d_{l_0}\}_{l_1=1}^{L_1}$ 时，求解新的网络输出权值 $\boldsymbol{\beta}_1$，等价于求新线性系统的最小范数最小二乘解，即

$$\left\| \begin{bmatrix} H_0 \\ H_1 \end{bmatrix} \hat{\boldsymbol{\beta}} - \begin{bmatrix} T_0 \\ T_1 \end{bmatrix} \right\| = \min_{\beta} \left\| \begin{bmatrix} H_0 \\ H_1 \end{bmatrix} \boldsymbol{\beta}_1 - \begin{bmatrix} T_0 \\ T_1 \end{bmatrix} \right\| \tag{4.22}$$

根据式(4.21)，有

$$\boldsymbol{\beta}_1 = K_1^{-1} \begin{bmatrix} H_0 \\ H_1 \end{bmatrix}^{\mathrm{T}} \begin{bmatrix} T_0 \\ T_1 \end{bmatrix} \tag{4.23}$$

其中,

$$K_1 = \begin{bmatrix} H_0 \\ H_1 \end{bmatrix}^{\mathrm{T}} \begin{bmatrix} H_0 \\ H_1 \end{bmatrix}^{\mathrm{T}} = K_0 + H_1^{\mathrm{T}} H_1 \qquad (4.24)$$

对式(4.23)进一步整理,有

$$\begin{aligned} \boldsymbol{\beta}_1 &= K_1^{-1} \begin{bmatrix} H_0 \\ H_1 \end{bmatrix}^{\mathrm{T}} \begin{bmatrix} T_0 \\ T_1 \end{bmatrix} = K_1^{-1} (H_0^{\mathrm{T}} T_0 + H_1^{\mathrm{T}} T_1) \\ &= K_1^{-1} (K_0 K_0^{-1} H_0^{\mathrm{T}} T_0 + H_1^{\mathrm{T}} T_1) = K_1^{-1} (K_0 \boldsymbol{\beta}_0 + H_1^{\mathrm{T}} T_1) \\ &= K_1^{-1} [(K_1 - H_1^{\mathrm{T}} T_1) \boldsymbol{\beta}_0 + H_1^{\mathrm{T}} T] = \boldsymbol{\beta}_0 + K_1^{-1} H_1^{\mathrm{T}} (T_1 - H_1 \boldsymbol{\beta}_0) \end{aligned} \qquad (4.25)$$

依此类推,当第 $k+1$ 次更新 L_{k+1} 个样本 $\{x_{1l_{k+1}}(t), x_{2l_{k+1}}(t), \cdots, x_{nl_{k+1}}(t); d_{l_{k+1}}\}_{l_{k+1}=1}^{L_{k+1}}$ 后,可由迭代公式(4.26)和式(4.27)求解网络输出权值 $\boldsymbol{\beta}_{k+1}$,即

$$K_{k+1} = K_k + H_{k+1}^{\mathrm{T}} H_{k+1} \qquad (4.26)$$

$$\boldsymbol{\beta}_{k+1} = \boldsymbol{\beta}_k + K_{k+1}^{-1} H_{k+1}^{\mathrm{T}} (T_{k+1} - H_{k+1} \boldsymbol{\beta}_k) \qquad (4.27)$$

根据 Woodbury 规则[4],可将 K_{k+1}^{-1} 改写为

$$K_{k+1}^{-1} = (K_k + H_{k+1}^{\mathrm{T}} H_{k+1})^{-1} = K_k^{-1} - K_k^{-1} H_{k+1}^{\mathrm{T}} (I + H_{k+1} K_k^{-1} H_{k+1}^{\mathrm{T}})^{-1} \times H_{k+1} K_k^{-1} \qquad (4.28)$$

令 $P_{k+1} = K_{k+1}^{-1}$,则式(4.26)和式(4.27)可以分别改写为

$$P_{k+1} = P_k + P_k H_{k+1}^{\mathrm{T}} (I + H_{k+1} P_k H_{k+1k}^{\mathrm{T}})^{-1} H_{k+1} P_k \qquad (4.29)$$

$$\boldsymbol{\beta}_{k+1} = \boldsymbol{\beta}_k + P_{k+1} H_{k+1}^{\mathrm{T}} (T_{k+1} - H_{k+1} \boldsymbol{\beta}_k) \qquad (4.30)$$

由式(4.21)、式(4.29)和式(4.30),即可实现 PNN 的增量学习。

3. WU - PNN 方法预测过程与输出权值更新策略

采用权值更新的方法进行故障预测,分为离线训练和在线更新权值预测两个阶段,如图 4.4 所示,具体过程如下。

(1)离线训练阶段。设置 PNN 结构和初始参数,根据学习样本,应用 LM 算法对网络进行训练,得到离线 PNN 预测模型。

(2)在线更新权值预测阶段。具体步骤如下:① 利用获得的离线模型进行预测,并同步记录实时更新的样本;当样本更新个数为 L_0 时($L_0 \geqslant m$,m 为网络隐层过程神经元个数),根据公式(4.18)计算初始隐层输出矩阵 H_0,根据公式(4.20)计算 T_0,则初始输出权向量 $\boldsymbol{\beta}_0 = P_0 H_0^{\mathrm{T}} T_0$,这里 $P_0 = (H_0^{\mathrm{T}} H_0)^{-1}$;② 利用①中更新权值的 PNN 模型进行预测,并继续同步记录更新样本;当样本更新个数为 L_1 时

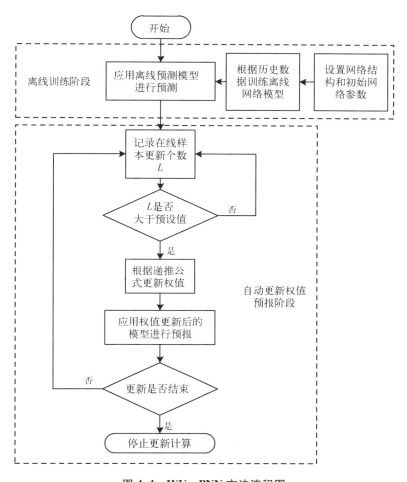

图 4.4　WU - PNN 方法流程图

（取 $L_1 \geqslant L_0$），根据式（4.29）和式（4.30），计算更新后的输出权值；③ 每当有 L_k（取 $L_k \geqslant L_0$）个样本更新后，利用递推公式，求出新的权值矩阵进行预测，重复②的过程，直至更新结束。

备注 4.2：与 BFA 相比，WU - PNN 方法不对已学习过的样本进行重复学习，并且只对网络输出权值进行更新，提高了 PNN 增量学习效率，更适用于在线学习。传统的 ELM 算法是将所有更新样本处理完后，进行一次权值调整，而本节采用迭代公式可对网络输出权值进行迭代更新，使用上更加灵活。在训练好的离线模型基础上进行权值更新，还可以有效解决 ELM 算法初值选取困难的问题。

另外，针对 LRE 工作过程，需根据实际情况，采用不同策略对 PNN 权值进行更新。其主要更新方式可分为全局更新与局部更新，具体如下：

（1）全局更新，即整个故障预测过程一直进行权值更新计算，直到预测结束才停止更新。

（2）局部更新，即在故障预测进行到某一阶段后进行权值更新计算，多次更新后停止更新计算。例如，可以根据工况调整的时间进行权值更新，当发动机进入新的工况后开始权值更新计算，直到该工况结束停止更新计算。也可以设置一个误差检测器，实时计算预测误差；当预测误差超过阈值时，进行权值更新计算，直到预测误差降低到阈值内再停止更新计算。

方式（1）简单容易实现，方式（2）使用灵活，各有优势。在解决工程问题时，需根据实际情况，选择相应的权值更新方式。

4.3.3 仿真验证及结果分析

以某大型 LRE 稳态过程地面热试车数据为例，对 WU－PNN 的预测性能进行考核。具体数据为：① 训练数据，选择 4 次正常试车稳态过程数据 Test13－1、Test13－6、Test14－1 和 Test14－5 作为 WU－PNN 训练数据；② 测试数据为 1 次稳态过程正常数据和稳态过程 5 种故障数据，即 Test14－3 次试车氧涡轮泵扬程、Test10－7 次试车氧增压气蚀管出口压力、Test13－2 次试车氧涡轮泵泄氧氦腔压力、Test13－3 次试车氧涡轮泵动密封泄氧腔压力、Test13－4 次试车氧增压软管出口压力和 Test14－2 次试车氢涡轮泵氦隔离腔压力等。离线网络模型采用 DPFPNN，网络结构与学习算法与 3.5.3 小节相同，并采用全局权值更新方式，每输入 25 个数据进行一次权值更新，直到故障预测结束。

图 4.5 给出了 Test14－3 次试车氧涡轮泵扬程预测曲线。可以看出，相对于 DPFPNN，WU－PNN 的 MARE 降低到了 2.57%。图 4.6~图 4.10 给出了稳态过程 5 种故障数据故障发展阶段的预测曲线。可以看出，WU－PNN 能够有效地对 5 种

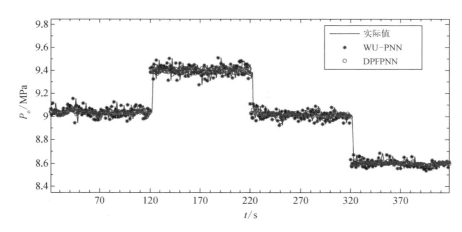

图 4.5　Test14－3 次试车 P_o 预测

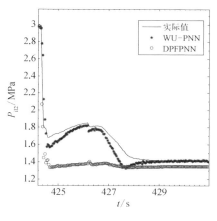

图 4.6　Test10 - 7 次试车 P_{il2} 预测

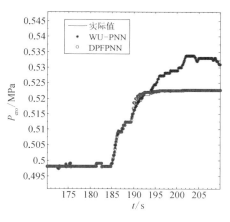

图 4.7　Test13 - 2 次试车 P_{ero} 预测

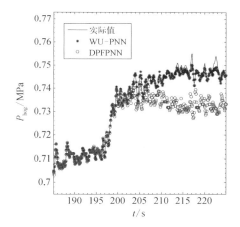

图 4.8　Test13 - 3 次试车 P_{hog} 预测

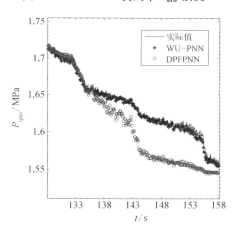

图 4.9　Test13 - 4 次试车 P_{ipno} 预测

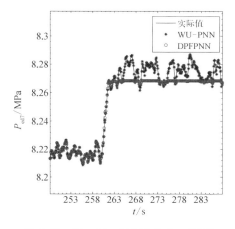

图 4.10　Test14 - 2 次试车 P_{ed7} 预测

故障的发展趋势进行预测,克服了离线模型难以对故障发展趋势进行预测的缺陷。

表 4.2 给出了 Test14 - 3 次试车氧涡轮泵扬程预测结果的统计特性。由表可以看出,WU - PNN 对扬程的预测精度更高,且相对于 DPFPNN 平均预测耗时并未过多增加,能够满足实时预测要求。在 MARE 值不大于 3% 的条件下,WU - PNN 对扬程的极限预测时间为 1.5 s,其结果优于离线模型。

表 4.2　Test14 - 3 次试车 P_o 预测结果对比

预 测 方 法	MARE	NRMSE	平均预测耗时
DPFPNN	2.95%	0.472	0.058 s
WU - PNN	2.57%	0.411	0.066 s

表 4.3 给出了 5 次故障数据在故障发展阶段 WU - PNN 预测结果的统计特性。从中可以看出,WU - PNN 对故障发展阶段预测值的 MARE 值均在 3% 以内,最长平均预测耗时为 0.064 s,最小极限预测时间为 1.3 s。

表 4.3　WU - PNN 故障发展趋势预测结果

故障预测参数	MARE	NRMSE	极限预测时间	平均预测耗时
Test10 - 7 次试车 P_{il2} 预测	2.97%	0.582	1.4 s	0.064 s
Test13 - 2 次试车 P_{hog} 预测	2.88%	0.477	1.3 s	0.062 s
Test13 - 3 次试车 P_{ero} 预测	2.51%	0.436	1.3 s	0.064 s
Test13 - 4 次试车 P_{ipno} 预测	2.33%	0.499	1.4 s	0.066 s
Test14 - 2 次试车 P_{ed7} 预测	2.57%	0.451	1.4 s	0.062 s

由上述考核验证可知,离线 PNN 模型与权值更新 PNN 模型均能够实现 LRE 故障预测,但是随着时间的推移,故障影响不断扩大,数据模式发生了较大的变化,离线 PNN 模型难以对此进行有效预测。当故障发展到一定阶段,离线 PNN 模型已经不能正确地预测故障的变化趋势,这表明离线 PNN 模型的泛化能力有限,不能用于解决故障趋势预测问题。而 WU - PNN 则通过增量学习,克服了离线 PNN 的缺陷,实现了对故障发展趋势的预测。

4.4　基于输出调节系数更新的 PNN 预测方法

PNN 的输出不仅可以是数值还可以是时变函数,而输入输出均为时变函数的

PNN,对于非平稳数据具有较强的映射能力,相对于输出为数值的 PNN 往往具有更高的预测精度。但是,与离线 PNN 一样,不具备增量学习的能力。为此,研究中一种基于输出调节系数更新的 PNN 预测方法(output accommodation coefficient update PNN, OACU - PNN)。通过在 PNN 中引入输出调节系数,使网络具备增量学习能力,以解决 LRE 故障趋势预测问题。首先,基于发动机历史数据,建立双隐层过程神经网络(double hidden process neural networks, DHPNN)离线预测模型;然后,根据更新样本对输出调节系数进行更新;最后,采用更新输出调节系数的 DHPNN,对故障预测参数进行预测。

4.4.1　DHPNN 模型

为兼顾 PNN 的非线性映射能力与收敛速度,设计一种 DHPNN 模型,具体包括输入层、第 1 隐层、第 2 隐层和输出层,其拓扑结构如图 4.11 所示。第 1 隐层为过程神经元隐层,由 m 个过程神经元组成,用于完成空间聚合与时间累积运算,并对样本模式特征进行提取;第 2 隐层为非时变一般神经元隐层,由 L 个非时变一般神经元构成,用于对期望输出函数的基函数展开式系数向量进行逼近;第 4 层为输出层,将第 2 隐层的信息进行整合并输出。

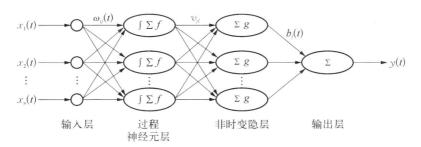

图 4.11　DHPNN 网络拓扑结构示意图

设 DHPNN 的输入为

$$X(t) = [x_1(t), x_2(t), \cdots, x_n(t)] \tag{4.31}$$

其输入过程区间为 $[0, T]$。则有第 1 隐层输出为

$$out_j^{(1)} = f\left\{ \sum_{i=1}^{n} \int_0^T [\omega_{ij}(t)x_i(t)] dt - \theta_j^{(1)} \right\} \tag{4.32}$$

式中,$out_j^{(1)}$ 为第 1 隐层第 j 个过程神经元的输出,$j = 1, 2, \cdots, m$;$\omega_{ij}(t)$ 为输入层第 i 个单元与第 1 隐层第 j 个单元之间的连接权函数,$i = 1, 2, \cdots, n$;$\theta_j^{(1)}$ 为第 1 隐层第 j 个单元的输出激励阈值;$f(\cdot)$ 为第一隐层的激励函数,一般可取为

Sigmoid 函数。

第 2 隐层输出为

$$out_l^{(2)} = g\Big(\sum_{j=1}^{m} v_{jl} out_j^{(1)} - \theta_l^{(2)} \Big) , \quad l = 1, 2, \cdots, L \tag{4.33}$$

式中, $out_l^{(2)}$ 为第 2 隐层第 l 个单元的输出; v_{jl} 为第 1 隐层第 j 个单元到第 2 隐层第 l 个神经元的连接权值; g 为第 2 隐层过程神经元的激励函数,一般可取为线性函数。

设 $b_l(t)$ ($l = 1, 2, \cdots, L$) 为一组标准正交基函数,当 L 足够大时,DHPNN 的输出可以表示为

$$y(t) = \sum_{l=1}^{L} out_l^{(2)} \cdot b_l(t) \tag{4.34}$$

将式(4.31)~式(4.33)代入式(4.34),则有 DHPNN 输入和输出之间的映射关系为

$$y(t) = \sum_{l=1}^{L} g\Big[\Big(\sum_{j=1}^{m} v_{jl} f\Big\{ \sum_{i=1}^{n} \int_0^T \big[\omega_{ij}(t) x_i(t) \big] \mathrm{d}t - \theta_j^{(1)} \Big\} \Big) - \theta_l^{(2)} \Big] b_l(t) \tag{4.35}$$

将 $x_i(t)$ 和 $\omega_{ij}(t)$ 在 $b_l(t)$ 下展开,则有

$$x_i(t) = \sum_{1}^{L} a_i^{(l)} b_l(t) \tag{4.36}$$

$$\omega_{ij}(t) = \sum_{1}^{L} \omega_{ij}^{(l)} b_l(t) \tag{4.37}$$

根据正交函数的性质,有

$$\int_0^T b_p(t) b_l(t) = \begin{cases} 1, & (p = l) \\ 0, & (p \neq l) \end{cases} , \quad p = 1, 2, \cdots, P \tag{4.38}$$

将式(4.36)和式(4.37)代入式(4.35),并化简可得

$$y(t) = \sum_{l=1}^{L} g\Big\{ \Big[\sum_{j=1}^{m} v_{jl} f\Big(\sum_{i=1}^{n} \sum_{l=1}^{L} \omega_{ij}^{(l)} a_i^{(l)} - \theta_j^{(1)} \Big) \Big] - \theta_l^{(2)} \Big\} b_l(t) \tag{4.39}$$

4.4.2　输出调节系数更新方法

由式(4.39)可知,相对于输出为数值的过程神经网络模型,DHPNN 的计算过程比较复杂。若采用 BAF 进行 DHPNN 的增量学习,计算成本将十分昂贵。为此,

在网络第 2 隐层到输出层之间引入输出调节系数 $\boldsymbol{u} = [u_1, u_2, \cdots, u_L]^{\mathrm{T}}$，并根据新输入样本对输出调节系数进行更新，以实现过程网络的增量学习。

如图 4.12 所示，引入输出调节系数后，DHPNN 的期望输出可以表示为

$$y(t) = \sum_{l=1}^{L} u_l \cdot out_l^{(2)} \cdot b_l(t) \tag{4.40}$$

由式(4.40)，$y(t)$ 可重新写为

$$y(t) = \sum_{l=1}^{L} u_l g \left[\left(\sum_{j=1}^{m} v_{jl} f \left\{ \sum_{i=1}^{n} \int_0^T [\omega_{ij}(t) x_i(t)] \mathrm{d}t - \theta_j^{(1)} \right\} \right) - \theta_l^{(2)} \right] b_l(t) \tag{4.41}$$

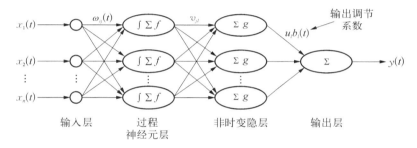

图 4.12　DHPNN 输出调节系数示意图

将 $x_i(t)$ 和 $\omega_{ij}(t)$ 在 $b_l(t)$ $(l = 1, 2, \cdots, L)$ 下展开，并代入式(4.41)，则有

$$y(t) = \sum_{l=1}^{L} u_l g \left\{ \left[\sum_{j=1}^{m} v_{jl} f \left(\sum_{i=1}^{n} \sum_{l=1}^{L} \omega_{ij}^{(l)} a_i^{(l)} - \theta_j^{(1)} \right) \right] - \theta_l^{(2)} \right\} b_l(t) \tag{4.42}$$

设给定的 S 个学习样本为

$$\{x_{1s}(t), x_{2s}(t), \cdots, x_{ns}(t); d_s(t)\}_{s=1}^{S} \tag{4.43}$$

式中，$d_s(t)$ 为第 s 个样本的目标输出。

将 $d_s(t)$ 和 $x_{is}(t)$ 分别在同一组基函数 $b_l(t)$ $(l = 1, 2, \cdots, L)$ 下展开，有

$$d_s(t) = \sum_{1}^{L} d_{sl} b_l(t) \tag{4.44}$$

$$x_{is}(t) = \sum_{1}^{L} a_{is}^{(l)} b_l(t) \tag{4.45}$$

进而有

$$y_s(t) = \sum_{l=1}^{L} u_l g\left\{\left[\sum_{j=1}^{m} v_{jl} f\left(\sum_{i=1}^{n}\sum_{l=1}^{L} \omega_{ij}^{(l)} a_{is}^{(l)} - \theta_j^{(1)}\right)\right] - \theta_l^{(2)}\right\} b_l(t) \qquad (4.46)$$

此时,DHPNN 的误差 SSE 可表示为

$$
\begin{aligned}
SSE &= \sum_{s=1}^{S}\left[y_s(t) - d_s(t)\right]^2 \\
&= \sum_{s=1}^{S}\left(\sum_{l=1}^{L} u_l g\left\{\left[\sum_{j=1}^{m} v_{jl} f\left(\sum_{i=1}^{n}\sum_{l=1}^{L} \omega_{ij}^{(l)} a_{is}^{(l)} - \theta_j^{(1)}\right)\right] - \theta_l^{(2)}\right\} - d_{sl}\right)^2
\end{aligned}
$$

$$(4.47)$$

而误差向量与参数调整向量分别为式(3.48)和式(3.49),即

$$\boldsymbol{E}^{\mathrm{T}} = \left[e_1,\ e_2,\ \cdots,\ e_s\right] \quad (e_s = y_s(t) - d_s(t)) \qquad (4.48)$$

$$
\begin{aligned}
\boldsymbol{W}^{\mathrm{T}} = \big[&\omega_{11}^1,\ \cdots,\ \omega_{1n}^1,\ \omega_{11}^l,\ \cdots,\ \omega_{1n}^l,\ \omega_{m1}^l,\ \cdots,\ \omega_{mn}^l,\ v_{11},\ \cdots,\ v_{1L},\ v_{m1},\ \cdots, \\
&v_{mL},\ \theta_1^{(1)},\ \cdots,\ \theta_m^{(1)},\ \theta_1^{(2)},\ \cdots,\ \theta_L^{(2)},\ u_1,\ \cdots,\ u_L\big]
\end{aligned}
$$

$$(4.49)$$

根据 LM 算法,$\boldsymbol{W}$ 的迭代调整规则为

$$
\begin{cases}
\Delta \boldsymbol{W}(q) = -\left[\boldsymbol{J}^{\mathrm{T}}(\boldsymbol{W}(q)) \cdot \boldsymbol{J}(\boldsymbol{W}(q)) + \mu(q) \cdot \boldsymbol{I}\right]^{-1} \cdot \boldsymbol{J}^{\mathrm{T}}(\boldsymbol{W}(q)) \cdot \boldsymbol{E}(\boldsymbol{W}(q)) \\
\boldsymbol{W}(q+1) = \boldsymbol{W}(q) + \Delta \boldsymbol{W}(q)
\end{cases}
$$

$$(4.50)$$

式中,q 是迭代上限;$\boldsymbol{I}$ 是单位矩阵;μ 是学习速率;$\boldsymbol{J}(\boldsymbol{W})$ 是关于 $\boldsymbol{W}$ 的雅可比矩阵。

至此,可采用 LM 训练 DHPNN,具体参见 2.5.3 小节相关内容。

设一组更新的样本为 $\{x_1(t),\ x_2(t),\ \cdots,\ x_n(t);\ d(t)\}$,将 $x_i(t)$ 和 $d(t)$ 分别在 $\{b_l(t)\}_l^L$ 下展开,有

$$x_i(t) = \sum_{l=1}^{L} a_i^{(l)} b_l(t) \qquad (4.51)$$

$$d(t) = \sum_{l=1}^{L} d_l b_l(t) \qquad (4.52)$$

由式(4.46),对于 K 个更新样本,若输出误差为零,则有

$$
\begin{aligned}
\sum_{1}^{L} d_l b_l(t) &= \sum_{l=1}^{L} u_l g\left\{\left[\sum_{j=1}^{m} v_{jl} f\left(\sum_{i=1}^{n}\sum_{l=1}^{L} \omega_{ij}^{(l)} a_l^{(l)} - \theta_j^{(1)}\right)\right] - \theta_l^{(2)}\right\} b_l(t) \\
&= \sum_{l=1}^{L} u_l H(v,\ a,\ \omega,\ \theta^{(1)},\ \theta^{(2)}) b_l(t)
\end{aligned}
$$

$$(4.53)$$

将式(4.53)表示为矩阵,有

$$D = H \cdot U \tag{4.54}$$

这里,

$$D = \begin{bmatrix} d_1 \\ d_2 \\ \vdots \\ d_L \end{bmatrix} \tag{4.55}$$

$$H = \begin{bmatrix} g\left[\left(\sum_{j=1}^{m} v_{jl} f\left(\sum_{i=1}^{n}\sum_{l=1}^{L} \omega_{ij}^{(l)} a_i^{(1)} - \theta_j^{(1)}\right)\right) - \theta_l^{(2)}\right] \\ g\left[\left(\sum_{j=1}^{m} v_{jl} f\left(\sum_{i=1}^{n}\sum_{l=1}^{L} \omega_{ij}^{(l)} a_i^{(2)} - \theta_j^{(1)}\right)\right) - \theta_l^{(2)}\right] \\ \vdots \\ g\left[\left(\sum_{j=1}^{m} v_{jl} f\left(\sum_{i=1}^{n}\sum_{l=1}^{L} \omega_{ij}^{(l)} a_i^{(L)} - \theta_j^{(1)}\right)\right) - \theta_l^{(2)}\right] \end{bmatrix} \tag{4.56}$$

$$U = \begin{bmatrix} u_1 \\ u_2 \\ \vdots \\ u_L \end{bmatrix} \tag{4.57}$$

易知,当离线训练完成后,对于新输入的样本 $\{x_1(t), x_2(t), \cdots, x_n(t); d(t)\}$,矩阵 H 与 D 的元素均为确定值。通过选取合适的输出层激励函数 $g(x)$,能够保证方程组(4.54)恒有解。

更新输出调节系数的主要目的是提高 DHPNN 的预测精度和适应能力。可根据预测对象的自身特性,综合预测的目标,灵活选择输出调节系数的更新策略。例如,根据在线更新的样本,计算上一阶段预测的平均误差,当平均误差超过某一阈值时进行输出调节系数更新。也可根据计算次数进行更新,即每计算 N 次进行一次更新。

与权值更新方法类似,应用 OACU-PNN 进行预测时,也分为离线训练和更新预测两个阶段。如图 4.13 所示,实现该方法的具体步骤如下。

(1)离线训练阶段。设置 DHPNN 结构和初始参数;根据历史数据样本,应用 LM 算法优化 DHPNN 参数,得到离线模型。

(2)网络输出调节系数更新预测阶段。设置输出调节系数更新策略,当符合更新条件时,根据式(4.54)~式(4.57),对输出调节系数进行更新;然后,采用更新过输出调节系数的 DHPNN 进行预测。

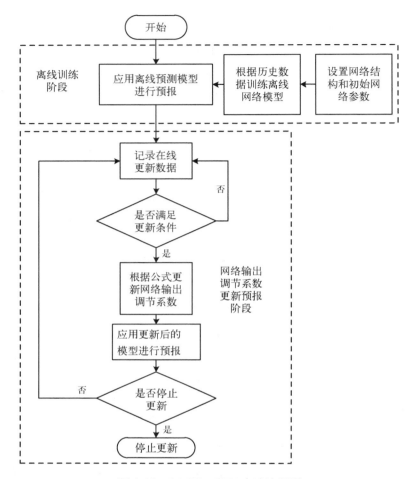

图 4.13　OACU－PNN 方法流程图

4.4.3　仿真验证及结果分析

选用 4.3.3 小节中的数据,对 OACU－PNN 方法进行考核验证。由于 DHPNN 的输入和输出均为时变函数,所以取序列中 10 个连续的元素作为输入,将后面连续的 10 个作为输出,如此构建训练样本。网络第 1 隐层中 $f(x)$ 的取 Sigmoid 函数,考虑到预测值的非负性,第 2 隐层中的 $g(x)$ 取为 $g(x) = (x^2 + 1.65)^{1/2}$;将 $x_i(t)$、$\omega_{ij}(t)$ 和 $y(t)$ 分别在傅里叶系下展开,基函数取为 10 个,过程神经元个数取为 18,网络拓扑结构为 1－18－10－1。采用 LM 算法,对 DHPNN 进行训练,误差精度设为 0.001,迭代极限设为 2 000 次,DHPNN 经过 20 次计算后满足要求。

预测时,每输入 10 个数据更新一次输出调节系数。受篇幅所限,这里仅给出 Test10－7 次试车氢冷排气蚀管出口压力和 Test13－4 次试车氧增压气蚀管出口压

力的预测结果,分别如图 4.14 和图 4.15 所示。易知,OACU－PNN 比 WU－PNN
具有更好的预测精度。

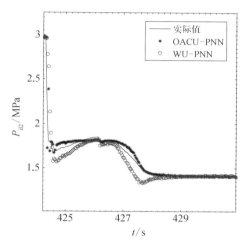

图 4.14　Test10－7 次试车 P_{il2} 预测

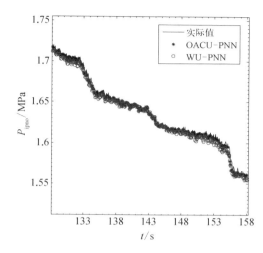

图 4.15　Test13－4 次试车 P_{ipno} 预测

表 4.4 给出了 OACU－PNN 预测结果的统计特性。对比表 4.4 和表 4.2 可知,
对于 Test14－3 次试车氧涡轮泵扬程来说,OACU－PNN 和 WU－PNN 预测精度相
近;而对于 5 次故障发展趋势的预测,OACU－PNN 具有更高的精度,同时极限预测
时间均大于 WU－PNN,且平均预测耗时也均未超过 WU－PNN。

表 4.4　OACU－PNN 预测结果

故障预测参数	MARE	NRMSE	极限预测时间	平均预测耗时
Test14－3 次试车 P_o 预测	2.55%	0.419	1.6 s	0.061 s
Test10－7 次试车 P_{il2} 预测	2.37%	0.481	1.5 s	0.062 s
Test13－2 次试车 P_{hog} 预测	2.18%	0.457	1.4 s	0.062 s
Test13－3 次试车 P_{ero} 预测	2.01%	0.412	1.4 s	0.062 s
Test13－4 次试车 P_{ipno} 预测	1.87%	0.431	1.4 s	0.062 s
Test14－2 次试车 P_{ed7} 预测	2.11%	0.423	1.5 s	0.065 s

4.5　本　章　小　结

针对故障阈值更新问题,本章提出了适合 LRE 实际工作过程的更新方法。针对 PNN 增量学习问题,分别提出了基于权值更新和基于输出调节系数更新的 PNN 预测方法,并采用发动机试车数据进行了考核验证。得到如下结论。

(1) 针对故障阈值自适应问题,提出了故障阈值自适应更新方法,并采用 12 次试车数据对该方法进行考核,对 5 次正常数据没有出现误警,对 2 次严重故障数据和 5 次异常数据没有出现漏警,并且故障预警时间最少提前 2 s,最多可提前 6 s。可见,通过递推公式在局部数据特性的基础上,对故障阈值进行自适应更新,可以有效提高故障阈值的敏感性和鲁棒性。

(2) 针对输出为数值的 PNN 增量学习问题,在 ELM 的基础上,提出了一种权值更新方法 WU－PNN,并给出了相应的权值更新策略。考核验证结果表明,该方法对 5 种故障模式进行预测的精度均在 3% 以内,最短极限预测时间为 1.3 s,最长平均预测耗时为 0.066 s。该方法有效解决了离线 PNN 无法对故障发展趋势进行有效预测的问题,且具有较好预测性能。

(3) 针对输出为时变函数的 PNN 增量学习问题,提出调节系数更新方法 OACU－PNN。通过在 PNN 中引入输出调节系数,实现了网络的增量学习。考核验证结果表明,该方法对 5 种故障模式预测的 MARE 值最大为 2.55%,最小为 1.97%,最短极限预测时间为 1.4 s,最长极限预测时间为 1.6 s,最长平均预测耗时为 0.065 s。与 WU－PNN 方法比较,OACU－PNN 的预测性能指标均有不同程度的提高。

参考文献

[1] 朱恒伟. 液体推进剂火箭发动机地面试车故障检测与诊断研究[D]. 长沙:国防科学技术大学,1997.
[2] 李艳军. 新一代大推力液体火箭发动机故障检测与诊断关键技术研究[D]. 长沙:国防科学技术大学,2014.
[3] Jacek M L. On Support Vector Regression Machines with Linguistic Interpretation of the Kernel Matrix[J]. Fuzzy Sets and Systems, 2006, 157(8): 1092－1113.
[4] Zhang R, Lan Y, Huang G B. Universal Approximation of Extreme Learning Machine with Adaptive Growth of Hidden Nodes[J]. IEEE Transactions on Neural Networks, 2012, 23(2): 365－371.

第5章
基于组合 PNN 的预测方法

5.1 引　　言

　　PNN 的泛化能力,即对未经学习的新样本做出合理响应的能力,是影响发动机故障预测和趋势预测准确性的重要因素。特别是发动机稳态工作过程时间相对较长,工况多变,干扰因素多,故障预测难度大,为了获得泛化能力较强的 PNN 模型,往往需要进行大量的尝试和反复的检验工作,极大地增加了 PNN 在实际工程应用中的使用成本。因此,如何提高 PNN 的泛化能力,降低 PNN 建模难度,就成为应用 PNN 解决发动机故障预测问题的关键。对此问题的研究极具工程和理论价值。

　　PNN 的结构对其性能有着重要影响。PNN 的结构主要由网络隐层和隐层节点个数决定。仅考虑结构对 PNN 的影响,当 PNN 隐层数目越多时,其映射能力越强,但是结构就越复杂,运算时间也越长。LRE 的故障预测参数值来源于测量数据,不可避免地包含测量误差,若隐层单元个数过多,就会将测量误差过多地学习和记忆到 PNN 中,导致 PNN 整体泛化性能减弱。若隐层单元数过少,则 PNN 对数据模式和数据特性的判断与模拟就会变得困难,容易产生欠拟合现象[1]。因此,如何确定 PNN 的结构就显得尤为重要,但是目前尚无一套完整的理论方法来指导如何确定和优化 PNN 的网络结构,尤其是对神经元个数的选择,还主要依赖于经验和反复尝试。有学者早在 1984 年就指出,通过组合使用规模较小的神经网络就可以取得较好的预测效果,而无须寻找一个难以获取的强学习神经网络[2]。据此,可以组合多个结构简单的 PNN 来建立预测模型,以回避 PNN 结构确定困难的问题。孙智源等分析了组合 ANN 的泛化能力,并提出了组合 ANN 泛化误差计算公式[3]。然而,有关组合 PNN 的研究还鲜见报道,特别是如何应用组合 PNN 对发动机进行故障预测的研究还未见报道。那么,在研究发动机故障预测问题中,究竟采用何种组合 PNN 方法,才能够在提高预测精度的同时,又能避免确定网络结构所需的烦琐过程呢? 5.2 节和 5.3 节将针对这个问题进行研究。

　　另外,采用 PNN 对 LRE 参数进行估计时,PNN 的输出误差序列也可以被当作预测参数,误差数据包含了 PNN 对目标时间序列进行预测时,其性能的随时间变化的信息。上述信息反映了 PNN 对局部数据的预测性能,对上述误差进行预测并补偿到目标序列的预测值,可以有效提高预测精度,并且不会增加过多的计算成本。那么,是否可以将 LRE 故障预测参数的 PNN 预测模型与其误差数据的 PNN 预测模型相结合,建立基于误差预测修正的组合预测模型,以进一步提高组合方法的预测精度和效率呢? 5.4 节研究该问题。

5.2　网络泛化性能分析

5.2.1　组合 PNN 泛化误差分析

组合过程神经网络(combined prediction PNN, CP‑PNN)是指采用有限个子 PNN 对同一预测问题进行学习训练,其最终预测结果由各个子 PNN 的输出结果共同确定。由于 PNN 的拓扑结构和学习原理与传统 ANN 一致,其组合使用原理可以借鉴传统 ANN 的组合方法。Krogh 和 Vedelsby 于 1995 年提出了组合 ANN 的泛化误差公式[1],即

$$E = \overline{E} - \overline{A} \tag{5.1}$$

式中,$\overline{E}$ 为子 ANN 的平均泛化误差;$\overline{A}$ 为子 ANN 平均差异度。

由式(5.1)可知,组合 ANN 的泛化误差由 $\overline{E}$ 和 $\overline{A}$ 共同决定。当组合 ANN 中各个子 ANN 的结构与参数确定后,$\overline{E}$ 的值可以看出定值。此时若想减小 E,则需要增大 $\overline{A}$,即加大子 ANN 的之间的差异度。同样,要提高组合 PNN 的泛化误差,就要加大各个子 PNN 之间的独立性,使得 $\overline{A}$ 的值尽量大。加大个体 PNN 之间差异性,简单而有效的方法是构建具有不同结构特性的 PNN。具有不同结构特性的 PNN 有很多,其组合方式也千差万别。为方便起见,本章仅采用 DPFPNN、DHPNN 和小波过程神经网络(wavelet process neural networks, WPNN)进行组合预测与分析。

5.2.2　单一网络泛化性能分析

DPFPNN 与 DHPNN 的增量学习方法与结构特性可参考 4.3 节与 4.4 节相关内容。本节重点对 WPNN 的结构特点与增量学习方法进行推导与分析。

WPNN 是指网络隐层激励函数采用小波函数的一类 PNN。WPNN 具有良好的时频域局域化特性和变焦能力,对时变信号处理能力较强,并克服了传统 ANN 在处理非线性时变信号问题时存在的不适应性[4]。WPNN 引入了平移和伸缩因子,能够有效地反映时间序列的周期性、趋势性等特征。在大多数情况下,WPNN 采用 3 层(层数多了计算量太大,耗时增加)网络拓扑结构,如图 5.1 所示,其输入层有 n 个单元,隐层有 m 个小波过程神经元,输出层有 1 个单元。

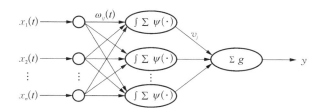

图 5.1　WPNN 组成结构示意图

设 $\boldsymbol{X}(t) = [x_1(t), x_2(t), \cdots, x_n(t)]$ 为网络输入矢量；$\omega_{ij}(t)$ 为隐层第 j 个过程神经元 与输入层第 i 个单元的连接权函数；v_j 为隐层第 j 个过程神经元与输出层单元的连接权值；$\psi(\cdot)$ 为小波基函数；g 为输出层激励函数，一般取线性函数；y 为网络输出。则网络输入输出关系为

$$y = g\left\{ \sum_{j=1}^{m} v_j \psi \left[\sum_{i=1}^{n} \int_0^T \omega_{ij}(t) x_i(t) \, \mathrm{d}(t) \right] \right\} \tag{5.2}$$

当 $\psi(t) \in L^2(R)$ 时，如果有

$$C_{\psi} = \int_R \frac{|\widehat{\psi}(\omega)|^2}{|\omega|} \mathrm{d}\omega < \infty \tag{5.3}$$

则可以通过伸缩、平移产生一组小波基函数，即

$$\psi_{a,b}(x) = \frac{1}{\sqrt{|a|}} \psi \left(\frac{x-b}{a} \right) \tag{5.4}$$

式中，a、b 分别为伸缩因子和平移因子。对于函数 $f(x) \in L^2(R)$，其小波变换为

$$W_{f(a,b)} = (f, \psi_{a,b}) = \frac{1}{\sqrt{|a|}} \int_{-\infty}^{+\infty} \psi_{a,b}(x) f(x) \, \mathrm{d}x \tag{5.5}$$

将式(5.4)与式(5.5)代入式(5.2)，有

$$y = g \left(\sum_{j=1}^{m} v_j \psi \frac{\sum_{i=1}^{n} \int_0^T \omega_{ij}(t) x_i(t) \, \mathrm{d}t - b_j}{a_j} \right) \tag{5.6}$$

将 $x_i(t)$ 与 $\omega_{ij}(t)$ 在一组正交基函数下展开，有

$$x_i(t) = \sum_{p=1}^{P} c_i^{(p)} b_p(t) \tag{5.7}$$

$$\omega_{ij}(t) = \sum_{l=1}^{P} \omega_{ij}^{(l)} b_l(t) \tag{5.8}$$

由正交基函数性质有

$$\int_{0}^{T} b_p(t) b_l(t) = \begin{cases} 1, & (p = l) \\ 0, & (p \neq l) \end{cases} \quad (p = 1, 2, \cdots, P) \tag{5.9}$$

将式(5.7)和式(5.8)代入式(4.6),则 WPNN 的输入与输出之间的映射关系可以进一步整理为

$$y = g\left(\sum_{j=1}^{m} v_j \, \psi \, \frac{\sum_{i=1}^{n} \sum_{p=1}^{P} c_i^{(p)} \omega_{ij}^{(p)} - b_j}{a_j} \right) \tag{5.10}$$

取 $g(x) = x$, 则式(5.10)可改写为

$$y = \sum_{j=1}^{m} v_j \, \psi \left(\frac{\sum_{i=1}^{n} \sum_{p=1}^{P} c_i^{(p)} \omega_{ij}^{(p)} - b_j}{a_j} \right) \tag{5.11}$$

给定 S 个学习样本 $\{x_{1s}(t), x_{2s}(t), \cdots, x_{ns}(t); d_s\}_{s=1}^{S}$, 其中, d_s 表示第 s 组样本的期望输出。设其对应的实际输出为 y_s, 则学习误差函数 SSE 为

$$\begin{aligned} SSE &= \sum_{s=1}^{S} (y_s - d_s)^2 \\ &= \sum_{s=1}^{S} \left(\sum_{j=1}^{m} v_j \, \psi \, \frac{\sum_{i=1}^{n} \sum_{p=1}^{P} c_i^{(p)} \omega_{ij}^{(p)} - b_j^{(1)}}{a_j} - d_s \right)^2 \end{aligned} \tag{5.12}$$

误差向量与参数调整向量分别为

$$\boldsymbol{E}^{\mathrm{T}} = [e_1, e_2, \cdots, e_s] \quad (e_s = y_s(t) - d_s(t)) \tag{5.13}$$

$$\begin{aligned} \boldsymbol{W}^{\mathrm{T}} = [&\omega_{11}^{1}, \cdots, \omega_{1n}^{1}, \omega_{11}^{p}, \cdots, \omega_{1n}^{p}, \cdots \omega_{m1}^{p}, \cdots, \omega_{mn}^{p}, \\ &c_{11}^{1}, \cdots c_{1n}^{1}, c_{11}^{p}, \cdots, c_{1n}^{p}, \\ &a_1^{1}, \cdots, a_1^{m}, b_1^{1}, \cdots, b_1^{m}, v_1, \cdots, v_m] \end{aligned} \tag{5.14}$$

根据 LM 算法, W 的迭代调整规则为

$$\begin{cases} \Delta \boldsymbol{W}(q) = -[\boldsymbol{J}^{\mathrm{T}}(\boldsymbol{W}(q)) \cdot \boldsymbol{J}(\boldsymbol{W}(q)) + \mu(q) \cdot \boldsymbol{I}]^{-1} \cdot \boldsymbol{J}^{\mathrm{T}}(\boldsymbol{W}(q)) \cdot \boldsymbol{E}(\boldsymbol{W}(q)) \\ \boldsymbol{W}(q+1) = \boldsymbol{W}(q) + \Delta \boldsymbol{W}(q) \end{cases} \tag{5.15}$$

式中, q 是迭代上限; $\boldsymbol{I}$ 是单位阵; μ 是学习速率; $\boldsymbol{J}(\boldsymbol{W})$ 是关于 $\boldsymbol{W}$ 的雅可比矩阵。

　　至此, 可采用 LM 算法, 对 WPNN 进行训练。具体步骤可见 2.5.3 小节, 这里不再赘述。

　　设新增加了 L_0 个学习样本, 为 $\{x_{1l_0}(t), x_{2l_0}(t), \cdots, x_{nl_0}(t); d_{l_0}\}_{l_0=1}^{L_0}$。 这里, d_{l_0} 为第 l_0 个样本的网络目标输出。根据式(5.11), 当网络输出误差为零时, 有

$$d_{l_0} = \sum_{j=1}^{m} v_j \, \psi \left(\frac{\displaystyle\sum_{i=1}^{n} \sum_{p=1}^{P} c_{il_0}^{(p)} \omega_{ij}^{(p)} - b_j}{a_j} \right) \quad l = 1, 2, \cdots, L_0 \qquad (5.16)$$

将式(5.16)表示成矩阵, 有

$$\boldsymbol{T}_0 = \boldsymbol{H}_0 \cdot \boldsymbol{\beta}_0 \qquad (5.17)$$

其中,

$$\boldsymbol{\beta}_0 = [v_1, v_2, \cdots, v_m]^{\mathrm{T}} \qquad (5.18)$$

$$\boldsymbol{T}_0 = \begin{bmatrix} d_1 \\ d_2 \\ \vdots \\ d_{L_0} \end{bmatrix} \qquad (5.19)$$

$$\boldsymbol{H}_0(\omega, a, b, c) = \begin{bmatrix} \psi\left(\dfrac{\displaystyle\sum_{i=1}^{n}\sum_{p=1}^{P} c_{i1}^{(p)}\omega_{i1}^{(p)} - b_1}{a_1}\right) & \cdots & \psi\left(\dfrac{\displaystyle\sum_{i=1}^{n}\sum_{p=1}^{P} c_{i1}^{(p)}\omega_{im}^{(p)} - b_m}{a_m}\right) \\ \vdots & \ddots & \vdots \\ \psi\left(\dfrac{\displaystyle\sum_{i=1}^{n}\sum_{p=1}^{P} c_{iL_0}^{(p)}\omega_{i1}^{(p)} - b_1}{a_1}\right) & \cdots & \psi\left(\dfrac{\displaystyle\sum_{i=1}^{n}\sum_{p=1}^{P} c_{iL_0}^{(p)}\omega_{im}^{(p)} - b_m}{a_m}\right) \end{bmatrix}_{L_0 \times m}$$

$$(5.20)$$

　　至此, 可根据 4.3 节的方法, 对 WPNN 的输出权值进行更新计算。

　　为增大个体网络的差异度, 从以下几个方面进行网络结构与参数的选择与设置。

　　(1) 各个 PNN 的原始参数采用随机赋值方法, 使每种 PNN 的参数各不相同。

　　(2) 在网络拓扑结构方面, DPFPNN 和 WPNN 采用 3 层网络结构, DHPNN 采用 4 层网络结构, 并且各个网络的过程神经元隐层节点个数各不相同。

　　(3) 使各个 PNN 的激励函数互不相同, DPFPNN 选择 Sigmoid; DHPNN 选择双

曲正切函数的变形形式 $f(x) = \dfrac{2}{1 + \mathrm{e}^{-2x}} - 1$；小波过程神经网络取 Morlet 母小波，即

$$\psi(x) = \cos\left(1.68\,\frac{x - b}{a}\right) \exp\left[-0.56\left(\frac{x - b}{a}\right)^2\right] \tag{5.21}$$

(4) 各个 PNN 运算时所需的正交函数系也各不相同，具体情况如下：

① DPFPNN 取三角函数系，即

$$\left\{\frac{1}{\sqrt{2\pi}},\ \frac{1}{\sqrt{\pi}}\cos x,\ \frac{1}{\sqrt{\pi}}\sin x,\ \frac{1}{\sqrt{\pi}}\cos 2x,\ \frac{1}{\sqrt{\pi}}\sin 2x,\ \cdots,\ \frac{1}{\sqrt{\pi}}\cos nx,\ \frac{1}{\sqrt{\pi}}\sin nx,\ \cdots\right\}$$

② DHPNN 取勒让德多项式，即

$$\left\{\sqrt{\frac{1}{2}},\ \sqrt{\frac{3}{2}}x,\ \sqrt{\frac{5}{2}}\left(\frac{3}{2}x^2 - \frac{1}{2}\right),\ \sqrt{\frac{7}{2}}\left(\frac{5}{2}x^3 - \frac{3}{2}x\right),\ \sqrt{\frac{9}{2}}\left(\frac{35}{8}x^4 - \frac{30}{8}x^2 + \frac{3}{8}\right),\ \cdots\right\}$$

③ WPNN 取余弦函数系，即

$$\{\cos x,\ \cos 2x,\ \cos 3x,\ \cdots,\ \cos nx,\ \cdots\}$$

各个 PNN 具体情况参见表 5.1。

表 5.1　三种网络结构参数特性对比

网络种类	网络拓扑结构	基函数个数	输出层激励函数	网络学习算法
DPFPNN	$1 - 4 - 1$	8	$g(x) = x$	LM
DHPNN	$1 - 6 - 6 - 1$	6	$g(x) = (x^2 + 1.51)^{1/2}$	LM
WPNN	$1 - 5 - 1$	6	$g(x) = x$	LM

以 4.3.3 小节的数据，对小规模 DPFPNN、DHPNN 和 WPNN 的泛化能力进行测试与分析。学习样本的具体构建方式如下：① 对于 DPFPNN 和 WPNN，以连续的 6 个数据作为网络输入，相邻的第 7 个数据作为网络输出；② 对于 DHPNN，取 6 个连续数据作为输入，将后面连续的 6 个数据作为目标输出。分别采用 LM 算法对三种 PNN 进行训练，网络误差精度取 0.001，DPFPNN 经 16 次迭代后收敛，DHPNN 经 21 次迭代后收敛，WPNN 经过 10 迭代后收敛。

预测时，DPFPNN 与 WPNN 每输入 6 个数据进行一次预测，采用外推方式对后 6 个数据进行预测；DHPNN 每输入 6 个数据对后 6 个数据进行预测。DPFPNN 与 WPNN 采取输出权值更新方式进行增量学习，采取全局更新策略，每更新 6 个数据

进行一次权值更新。DHPNN 采用输出调节系数更新方法进行增量学习,采用全局更新策略,每更新 6 个数据进行一次输出调节系数更新。

图 5.2 与图 5.3 分别给出了 Test10 - 7 次试车氢冷排气蚀管出口压力与 Test13 - 4 次试车氧增压气蚀管出口压力的预测结果,其他预测结果如表 5.2 所示。从仿真计算的结果来看,WPNN 的计算效率和学习速度最好,但是准确性最低。DHPNN 的预测精度略高于 DPFPNN,且二者预测效率基本一致。可见,经过权值与输出调节系数更新后,三种网络均能实现发动机故障发展趋势的预测。但是,三种网络预测的 MARE 值均在 3% 以上,难以满足工程实际要求。

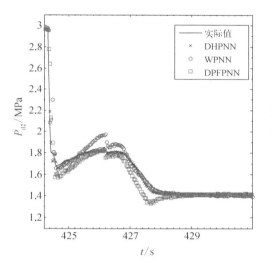

图 5.2　Test10 - 7 次试车 P_{il2} 预测　　　图 5.3　Test13 - 4 次试车 P_{ipno} 预测

表 5.2　不同 PNN 预测结果对比

故障预测参数	网络种类	MARE	NRMSE	平均预测耗时
Test14 - 3 次试车 P_o 预测	WPNN	5.91%	0.807	0.059 s
	DHPNN	4.01%	0.633	0.061 s
	DPFPNN	4.38%	0.701	0.065 s
Test10 - 7 次试车 P_{il2} 预测	WPNN	6.22%	0.886	0.058 s
	DHPNN	5.27%	0.751	0.062 s
	DPFPNN	5.66%	0.787	0.065 s
Test13 - 2 次试车 P_{hog} 预测	WPNN	5.23%	0.749	0.061 s
	DHPNN	3.65%	0.581	0.063 s
	DPFPNN	3.78%	0.597	0.063 s

续　表

故障预测参数	网络种类	MARE	NRMSE	平均预测耗时
Test13-3 次试车 P_{ero} 预测	WPNN	5.07%	0.723	0.058 s
	DHPNN	3.66%	0.583	0.063 s
	DPFPNN	3.71%	0.591	0.065 s
Test13-4 次试车 P_{ipno} 预测	WPNN	5.51%	0.762	0.059 s
	DHPNN	4.29%	0.695	0.065 s
	DPFPNN	4.63%	0.718	0.065 s
Test14-2 次试车 P_{ed7} 预测	WPNN	5.44%	0.755	0.061 s
	DHPNN	3.95%	0.615	0.065 s
	DPFPNN	4.13%	0.664	0.065 s

5.3　基于组合 PNN 的预测方法

5.3.1　网络组合方法分析

参考传统 ANN 的组合方法,可采用下述步骤对 PNN 进行组合使用。

步骤 1:构建训练样本集,对优化训练子 PNN;

步骤 2:采用某种方式,对步骤 1 中各个 PNN 的输出值进行合成。

当组合 PNN 模型用于分类计算时,可采用投票方法确定最终结果。当用于时间序列预测时,一般可通过对各个网络的输出结果进行简单平均和加权平均来确定最终预测结果。以 5.2 节中的 3 种 PNN 为例,组合 PNN 的计算过程可参见图 5.4。

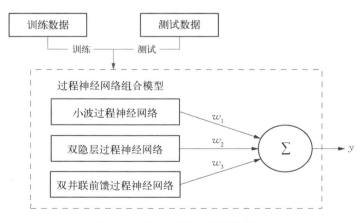

图 5.4　组合 PNN 预测过程框图

　　关于简单平均。即是总量除以总数,一般有组合 PNN 的总权重为 1,假设组合模型中子 PNN 个数为 N,相应的权重为 w_i,其中 $i = 1, 2, 3, \cdots, N$,则有

$$w_i = \frac{1}{N} \qquad (5.22)$$

　　若个体网络输出为 y_i,则组合模型的合成输出为

$$y = \sum_{i=1}^{N} w_i y_i \qquad (5.23)$$

　　关于加权平均。设某一个子 PNN 的训练数据共有为 L 组,f_l 和 d_l 分别是第 l 组数据由 PNN 得到的计算值和数据的真实值,则子 PNN 的权重 w_i 可表示为

$$w_i = \frac{1}{\left(\sum_{l=1}^{L} \left| \frac{f_l - d_l}{d_l} \right| \right) \Big/ L} \qquad (5.24)$$

　　设 W_i 为第 i 个子 PNN 参与最终输出的权重,则有

$$W_i = w_i \Big/ \sum_{i=1}^{N} w_i \qquad (5.25)$$

　　此时组合模型的合成输出为

$$y = \sum_{i=1}^{N} W_i y_i \qquad (5.26)$$

　　由式(5.22)与式(5.25)可知,无论是简单平均还是加权平均,子 PNN 的权重从预测开始到结束始终不会改变,它们在本质上均属于固定权重合成方法。当 LRE 的数据模式发生变化时,子 PNN 的预测性能往往也会随之改变,有的 PNN 会表现出较好的性能,有的 PNN 会产生较大的预测误差。固定权重由于忽略了子 PNN 预测性能的变化,在数据模式发生改变时无法有效提升组合 PNN 性能。

　　已有学者提出了一种动态权重合成方法[3],就是在学习阶段,对样本相对误差进行回归曲线拟合,获得回归函数,预测时利用回归函数预测相对误差,通过预测得到的相对误差实时分配权重,进而实现动态权重。该方法虽然在一定程度上解决了动态权重合成问题,但是其预测精度与回归函数的拟合精度密切相关;若回归函数选取不当,反而会降低预测精度。

　　对于 LRE 来说,学习样本难以涵盖所有故障的变化趋势,以此求出的回归函数难以正确反映故障发生以后预测误差的变化趋势。因此,需要发展一种更为有效的方法来动态地计算权重。

5.3.2　动态权重合成方法

解决动态权重合成问题的关键在于对预测误差的准确估计。预测误差为参数的测量值与 PNN 的计算值之间的残差,本质上也是一种时间序列,鉴于 PNN 良好的性能,本节采用 PNN 对误差时间序列进行预测,进而解决动态权重合成问题。

对于 LRE 来说,其测量数据属于离散数据,其误差序列也是离散的。在使用 PNN 进行预测时,需要将离散数据拟合成时变函数作 PNN 的输入,并通过正交基函数化简运算。

对于 LRE 数据来说,上述方式还有如下缺陷:① 将离散数据拟合成时变函数作为网络输入,在一定程度上降低了运算效率;② 离散样本可能不存在解析函数的形式,强行对其进行拟合会造成一定的信息失真,导致预测精度损失;③ 对于化简 PNN 的函数系来说,若基函数的阶次过低会使拟合精度降低,造成信息损失;若基函数的阶次过高,则会造成龙格振荡导致信息失真[5]。另外,尚无有效方法来确定基函数的个数,必须要反复试探才能确定。为此,本节研究一种离散输入的 PNN 对误差时间序列进行预测,以解决上述问题。

1. 误差预测网络模型

为了实现动态权值合成,采用一种双并联前馈离散过程神经网络(double parallel feedforward discrete input process neural network, DPFDPNN)对误差时间序列进行预测。如图 5.5 所示,DPFDPNN 采用三层结构,由输入层、隐层和输出层构成,且输入层直接并联到输出层。这里,$X(L) = \left[x_1(L), x_2(L), \cdots, x_n(L) \right]$ 为网络输入矢量;$K(\cdot)$ 为时间聚合算子;ω_{ij}、u_i、v_j 为各层相应连接权值;y 为网络输出。

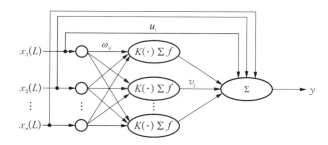

图 5.5　DPFDPNN 网络结构

为了直接利用离散的误差时间序列数据作为网络输入,根据文献[5],采用卷积和作为时间聚合算子,建立网络模型。设网络输入向量为

$$X(L) = \left[x_1(L), x_2(L), \cdots, x_n(L) \right] \qquad (5.27)$$

其中,$x_n(L)$ 为离散时间序列,长度为 L。记 $x_i(l)$（$i = 1, 2, \cdots, n, l = 1, 2, \cdots, L$）为 $x_i(L)$ 中第 l 个元素,其权值为 ω_i^{L-l+1},ω_i 为随机初始值,则 DPFDPNN 的时空

聚合运算可以表示为[5]

$$K[x_i(L), \omega_i] = \sum_{l=1}^{L} x_i(l)\omega_i^{L-l+1} \tag{5.28}$$

此时,DPFDPNN 的输入与输出关系为

$$\begin{aligned} y &= \sum_{j=1}^{m} v_j f\Big(\sum_{i=1}^{n} K[x_i(L), \omega_{ji}] - \theta_1^j \Big) + \sum_{i=1}^{n} u_i x_i(L) - \theta_2 \\ &= \sum_{j=1}^{m} v_j f\Big[\sum_{i=1}^{n} \sum_{l=1}^{L} x_i(l)\omega_{ji}^{L-l+1} - \theta_1^j \Big] + \sum_{i=1}^{n} u_i x_i(L) - \theta_2 \end{aligned} \tag{5.29}$$

其中, m 为隐层神经元个数; ω_{ji} 为输入层第 i 个输入单元与隐层第 j 个神经元之间的连接权值; u_i 为输入层第 i 个输入单元与输出层过程神经元之间的连接权值; v_j 为隐层第 j 个神经元与输出层的权值; θ_1^j 为隐层第 j 个神经元的激励阈值; θ_2 为输出层激励阈值。

给定 S 个误差时间序列构成的学习样本为 $\{x_{1s}(L), x_{2s}(L), \cdots, x_{ns}(L);$ $d_s\}_{s=1}^{S}$,其中 $x_s(L)$ 是长度为 L 的时间序列, d_s 为与之对应的期望输出, y_s 为相应的实际输出。此时,DPFDPNN 的误差函数可以表示为

$$\begin{aligned} SSE &= \sum_{s=1}^{S} (d_s - y_s)^2 \\ &= \sum_{s=1}^{S} \Big\{ d_s - \sum_{j=1}^{m} v_j f\Big[\sum_{i=1}^{n} \sum_{l=1}^{L} x_{is}(l)\omega_{ji}^{L-l+1} - \theta_1^j \Big] + \sum_{i=1}^{n} u_i x_i - \theta_2 \Big\}^2 \end{aligned} \tag{5.30}$$

误差向量与参数调整向量分别为

$$\boldsymbol{E}^{\mathrm{T}} = [e_1, e_2, \cdots, e_s] \quad (e_s = d_s - y_s) \tag{5.31}$$

$$\boldsymbol{W}^{\mathrm{T}} = [\omega_{11}, \cdots, \omega_{1n}, \cdots, \omega_{m1}, \cdots, \omega_{mn}, \theta_1^1, \cdots, \theta_1^m, v_1, \cdots, v_m, u_1, \cdots, u_n, \theta_2] \tag{5.32}$$

根据 LM 算法, W 的迭代调整规则为

$$\begin{cases} \Delta \boldsymbol{W}(q) = -[\boldsymbol{J}^{\mathrm{T}}(\boldsymbol{W}(q)) \cdot \boldsymbol{J}(\boldsymbol{W}(q)) + \mu(q) \cdot \boldsymbol{I}]^{-1} \cdot \boldsymbol{J}^{\mathrm{T}}(\boldsymbol{W}(q)) \cdot \boldsymbol{E}(\boldsymbol{W}(q)) \\ \boldsymbol{W}(q+1) = \boldsymbol{W}(q) + \Delta \boldsymbol{W}(q) \end{cases} \tag{5.33}$$

式中, q 是迭代上限; $\boldsymbol{I}$ 是单位矩阵; μ 是学习速率; $\boldsymbol{J}(\boldsymbol{W})$ 是关于 $\boldsymbol{W}$ 的雅可比矩阵。至此可采用 LM 算法对 DPFDPNN 进行训练,具体过程可参见 2.5.3 小节。

对于更新 S_1 个样本 $\{x_{1s_1}(L), x_{2s_1}(L), \cdots, x_{ns_1}(L); d_{s_1}\}_{s_1=1}^{S_1}$,根据式(5.29),当网络输出误差为零时,有

$$d_{s_1} = \sum_{j=1}^{m} v_j f \left[\sum_{i=1}^{n} \sum_{l=1}^{L} x_{is_1}(l) \omega_{ij}^{L-l+1} - \theta_1^i \right] + \sum_{i=1}^{n} u_i x_{is_1}(L) - \theta_2, \ s_1 = 1, 2, \cdots, S_1$$

(5.34)

将式(5.34)写成方程组形式,即

$$T_0 = H_0 \cdot \boldsymbol{\beta}_0$$

(5.35)

这里,

$$H_0(\omega, x, \theta_1, \theta_2) = \begin{bmatrix} f\left(\sum_{i=1}^{n} \sum_{l=1}^{L} x_{i1}(l) \omega_{i1}^{L-l+1} - \theta_1^1 \right) & \cdots & f\left(\sum_{i=1}^{n} \sum_{l=1}^{L} x_{i1}(l) \omega_{im}^{L-l+1} - \theta_1^m \right) \\ \vdots & \ddots & \vdots \\ f\left(\sum_{i=1}^{n} \sum_{l=1}^{L} x_{is_1}(l) \omega_{i1}^{L-l+1} - \theta_1^1 \right) & \cdots & f\left(\sum_{i=1}^{n} \sum_{l=1}^{L} x_{is_1}(l) \omega_{im}^{L-l+1} - \theta_1^m \right) \end{bmatrix}_{S_1 \times m}$$

(5.36)

$$\boldsymbol{\beta}_0 = [v_1, v_2, \cdots, v_m]^{\mathrm{T}}$$

(5.37)

$$T_0 = \begin{bmatrix} d_1 - \sum_{i=1}^{n} u_i x_{i1}(L) + \theta_2 \\ d_2 - \sum_{i=1}^{n} u_i x_{i2}(L) + \theta_2 \\ \vdots \\ d_{S_1} - \sum_{i=1}^{n} u_i x_{is_1}(L) + \theta_2 \end{bmatrix}$$

(5.38)

至此,可根据4.3节所述方法,对 DPFDPNN 的输出权值进行更新计算。

2. 动态权重合成方法

在 DPFDPNN 对预测误差进行预测后,相应的动态权重合成方法可分为以下两个阶段进行。

(1) 离线训练阶段。

① 设 N 个参与组合的网络模型为 $PNN_i(i = 1, 2, \cdots, N)$,共有 L 组学习样本,具体为 $\{X_l, d_l\}_{l=1}^{L}$,$X_l = [x_{1l}(t), x_{2l}(t), \cdots, x_{nl}(t)]^{\mathrm{T}}(l = 1, 2, \cdots, L)$ 为网络输入向量,d_l 为相应的目标输出。利用 $\{X_l, d_l\}_{l=1}^{L}$ 对 PNN_i 进行训练,取其相对误差的绝对值为

$$e_{il} = \left| \frac{d_l - PNN_i(X_l)}{d_l} \right| \quad (i = 1, 2, \cdots, N; \ l = 1, 2, \cdots, L)$$

(5.39)

② 构造 N 个 DPFDPNN 预测模型,并记为 $DPFDPNN_i(i = 1, 2, \cdots, N)$。将
①中的 e_{il} 看成时间序列,构建样本 $\{X_l, e_{il}\}_{l=1}^{L}(i = 1, 2, \cdots, N)$,对 $DPFDPNN_i$ 的
进行训练。

(2)预测阶段。首先根据训练好的 $DPFDPNN_i$,计算 PNN_i 的相对误差绝对
值的预测值 $e_i' = DPFDPNN_i(X_s)$,X_s 为相应的误差时间序列。令 $w_i = 1/e_i'$,则各
个网络的权重为

$$W_i = w_i \Big/ \sum_{i=1}^{N} w_i \tag{5.40}$$

设 $y_i = PNN_i(X_s)$,则此时组合模型的合成输出为

$$y = \sum_{i=1}^{N} W_i y_i \tag{5.41}$$

根据式(5.41),即可计算出组合 PNN 的最终输出,其完整的流程如图 5.6 所示。

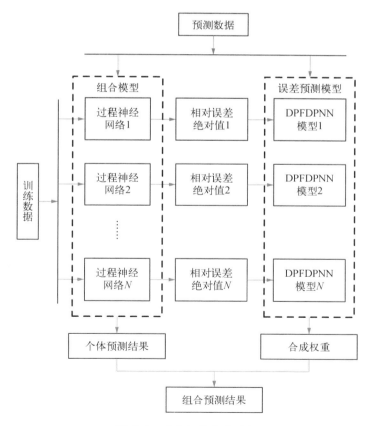

图 5.6　动态权值合成过程

5.3.3　仿真验证及结果分析

根据 5.3.2 小节的动态权重组合方法,以 5.2.2 小节中的三种 PNN 为例,对 4.3.3 小节的测试数据进行试验验证。WPNN、DHPNN、DPFPNN 的网络结构、训练与测试样本、预测与增量学习方式均与 5.2.2 节相同。用于误差预测的 DPFDPNN 结构分别取 1 - 6 - 1、1 - 5 - 1、1 - 4 - 1,并分别与 WPNN、DPFPNN、DHPNN 相对应;激励函数取 Sigmoid,基函数取三角函数系,个数取 6。预测时,网络每输入 6 个数据进行一次预测,采用外推方式对后 6 个数据进行预测。增量学习时,采用全局更新策略对输出权值进行更新,每更新 6 个数据进行一次输出权值更新。

图 5.7 和图 5.8 分别给出了 Test10 - 7 次试车氢冷排气蚀管出口压力和 Test13 - 4 次试车氧增压气蚀管出口压力的组合预测结果,其他数据预测结果如表 5.3 所示。

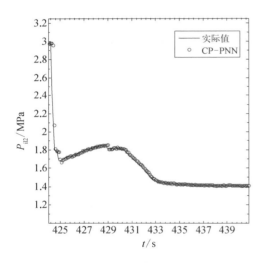
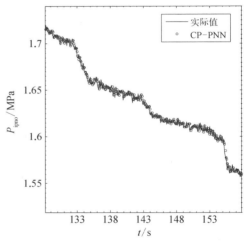

图 5.7　Test10 - 7 次试车 P_{il2} 组合预测结果　　图 5.8　Test13 - 4 次试车 P_{ipno} 组合预测结果

表 5.3　CP - PNN 预测结果

故障预测参数	MARE	NRMSE	极限预测时间	平均预测耗时
Test14 - 3 次试车 P_o 预测	1.65%	0.467	1.7 s	0.088 s
Test10 - 7 次试车 P_{il2} 预测	1.88%	0.511	1.6 s	0.092 s
Test13 - 2 次试车 P_{hog} 预测	1.67%	0.446	1.8 s	0.087 s
Test13 - 3 次试车 P_{ero} 预测	2.33%	0.438	1.6 s	0.087 s
Test13 - 4 次试车 P_{ipno} 预测	1.51%	0.453	2.0 s	0.088 s
Test14 - 2 次试车 P_{ed7} 预测	2.06%	0.408	1.8 s	0.087 s

可以看出,CP－PNN 方法各组测试数据的 MARE 值都比单一网络预测结果要低,证明本节所提出的动态权重合成方法是有效的。同时,在 MARE 值不大于 3% 的条件下,CP－PNN 的极限预测时间有一定的增加,最长的极限预测时间可达 2 s。但是,在精度提高与极限预测时间增加的同时,平均计算耗时也有明显的增加。

由式(5.1)可知,当子 PNN 各不相同时,组合 PNN 的泛化误差是一直小于子 PNN 的。这是因为组合网络技术能够将个体网络的预测误差补偿到合成结果,特别是动态权重合成方法,能够根据个体网络预测性能的变化动态地确定其权重,有效地避免了个体网络预测性能恶化造成的预测精度降低,同时可以使预测性能良好的网络发挥更大的作用。

动态权重合成方法能够对单个网络的预测性能进行估计,充分发挥了各个子网的优势,起到了扬长避短的作用。但是,由于动态权重合成方法在每次预测时都要先进行误差估计,相比单一网络预测增加了计算次数,因此计算时间有所增加,在一定程度上降低了计算效率。CP－PNN 更适用于需要对参数进行准确估计,而计算效率要求相对较低的情况。例如,用于 LRE 地面试车与故障趋势事后分析等。

5.4　基于误差预测修正的预测方法

5.4.1　误差预测分析

研究提出的 CP－PNN 方法,虽然能够有效提高 PNN 的泛化能力,但是由于要采用不同的网络模型进行时间序列预测与误差序列预测,并计算合成权重,因此在执行效率方面并不占优。特别是组合模型中个体网络越多,计算速度就会越慢。为进一步提高 PNN 预测方法的效率,提出一种基于误差预测修正的 PNN 预测方法(error predicting correlation prediction PNN, EPCP－PNN)。其采用双 PNN 组合,用一种 PNN 对 LRE 参数进行预测,另一种 PNN 对相应的误差数据实施预测,然后将预测误差补偿到 LRE 参数的预测值,以增强预测性能。这种方法不仅所用网络个数少,也不需要权重合成计算,简化了组合模型的计算流程。

选取收敛速度快、预测效率高的 PNN 模型 F_A,对故障预测参数构成时间序列进行建模训练,获取表征全局样本特性的 PNN 预测模型,即

$$y = F_A(\boldsymbol{X}) \tag{5.42}$$

其中,$\boldsymbol{X}$ 为需要预测的网络输入向量;y 为相应的预测值。

对全局样本学习的 PNN 模型 F_A,可以估计序列长期的变化趋势。而代表 F_A 预测性能变化的信息则包含在 F_A 对序列进行预测的误差之中。针对 F_A 模型所产生的误差,应用另一种 PNN 模型 F_B 对其学习,可获得表征 F_A 性能的预测误差,即

$$e = F_{\mathrm{B}}(\boldsymbol{E}) \tag{5.43}$$

其中, $\boldsymbol{E}$ 为需要预测的误差时间序列的网络输入向量。

由式(5.42)与式(5.43),可获得本方法的最终预测结果为

$$y' = y + e = F_{\mathrm{A}}(\boldsymbol{X}) + F_{\mathrm{B}}(\boldsymbol{E}) \tag{5.44}$$

在式(5.44)中,PNN 模型可以根据实际需要进行选择,并采用输出权值更新方法增强其泛化能力。由于 EPCP - PNN 可以获得预测偏差的估计值,根据 4.3.2 小节的输出权值局部更新策略,可以设置一个误差阈值,并以误差预测值是否超出阈值作为 F_{A} 输出权值更新启动与停止的信号,即误差预测值超出阈值时启动更新计算,当误差预测值小于阈值时停止更新计算。由此可见,相对于 CP - PNN 与采用全局输出权值更新策略的 PNN, EPCP - PNN 方法使用起来更为简单和灵活。

5.4.2　输出调节系数更新方法

鉴于 WPNN 具有较快的收敛速度与预测效率,这里采用 WPNN 作为 PNN 模型 F_{A},而采用可以直接利用离散数据作为 PNN 模型 F_{B},此时 EPCP - PNN 预测过程可由图 5.9 表示。

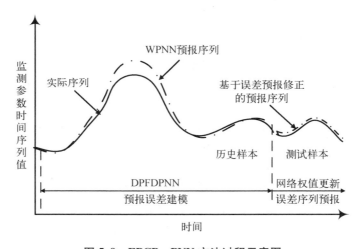

图 5.9　EPCP - PNN 方法过程示意图

由图 5.9 可以看出,误差预测修正方法首先根据历史样本训练 WPNN,然后根据样本预测误差训练 DPFDPNN。对于更新的测试样本,首先采用 WPNN 进行预测,同时应用 DPFDPNN 对误差时间序列进行预测,并对 WPNN 的预测值进行误差补偿,最终实现预测值的修正。

如图 5.10 所示,使用 EPCP - PNN 方法进行预测的具体流程如下:

步骤 1：采用 LRE 历史样本，训练 WPNN，应用训练好的 WPNN 对训练样本进行预测并记录预测偏差；

步骤 2：将步骤 1 中记录的偏差构成误差时间序列，采用 DPFDPNN 对误差时间序列建立预测模型；

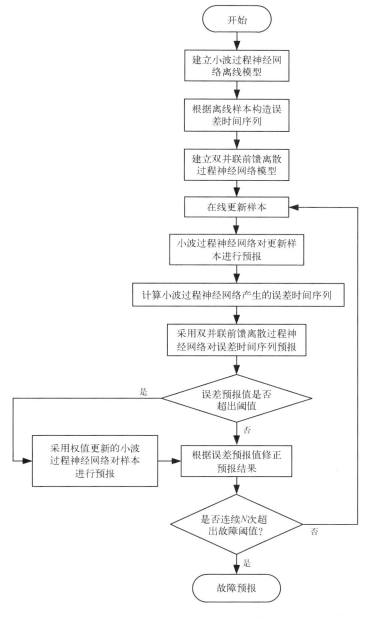

图 5.10　EPCP‐PNN 方法流程图

步骤 3：对于新输入的样本 $\{x_1, x_2, \cdots, x_l\}$ 采用 WPNN 进行预测，预测值记为 $\{x'_{l+1}, x'_{l+2}, \cdots, x'_{l+h}\}$；

步骤 4：根据输入的实际值 $\{x_{l+1}, x_{l+2}, \cdots, x_{l+h}\}$，计算误差时间序列，并将其记为 $\{e_{l+1}, e_{l+2}, \cdots, e_{l+h}\}$，其中 $e_i = x_i - x'_i (i = l+1, l+2, \cdots, l+h)$；

步骤 5：使用训练好的 DPFDPNN 对序列 $\{e_{l+1}, e_{l+2}, \cdots, e_{l+h}\}$ 进行估计，其预测值记为 $\{e'_{l+h+1}, e'_{l+h+2}, \cdots, e'_{l+2h}\}$；

步骤 6：若步骤 4 中的某个误差预测值超出预设的误差阈值，则使用时间序列样本 $\{x_{l+h-n+1}, \cdots, x_{l+h-1}, x_{l+h}\}$ 对 WPNN 进行更新，n 为权值更新所需样本个数且 $n \leqslant l+h$；采用更新后的网络，根据样本 $\{x_{h+1}, \cdots, x_{l+h-1}, x_{l+h}\}$ 进行预测，记预测值为 $\{x'_{l+h+1}, x'_{l+h+2}, \cdots, x'_{l+2h}\}$；若步骤 4 中的误差预测值均未超出预设的误差阈值，则直接采用样本 $\{x_{h+1}, \cdots, x_{l+h-1}, x_{l+h}\}$ 进行预测，记预测值为 $\{x'_{l+h+1}, x'_{l+h+2}, \cdots, x'_{l+2h}\}$；

步骤 7：根据步骤 5 中的误差预测值对步骤 6 中的预测值进行补偿，则最终经过误差预测修正后的时间序列预测值为 $\{x''_{l+h+1}, x''_{l+h+2}, \cdots, x''_{l+2h}\}$，$x''_i = x'_i + e'_i (i = l+h+1, l+h+2, \cdots, l+2h)$；

步骤 8：根据更新数据样本，重复步骤 3 到步骤 8，实现故障预测参数时间序列的误差预测修正。

5.4.3　仿真验证及结果分析

为验证 EPCP - PNN 预测方法的有效性与适应性，仍采用 4.3.3 小节中的 6 组数据进行测试，并与 5.2.2 小节中的 WPNN 和 5.4.3 小节中的 CP - PNN 方法进行对比。具体条件为：WPNN 拓扑结构取 1 - 5 - 1，小波函数取

$$\psi(x) = \cos\left(1.68\frac{x-b}{a}\right)\exp\left[-0.56\left(\frac{x-b}{a}\right)^2\right] \tag{5.45}$$

取余弦函数系化简运算，基函数个数取 6。DPFDPNN 的拓扑结构为 1 - 6 - 1，基函数个数取 6。均采用 LM 算法对网络进行学习，训练与测试样本构造方法与 4.2.2 小节相同。预测时，WPNN 与 DPFDPNN 均为每输入 6 个数据进行一次预测，采用外推方式对后 6 个数据进行预测。增量学习时，DPFDPNN 采用全局更新策略对输出权值进行更新，每更新 6 个数据进行一次输出权值更新。WPNN 采用局部更新策略，根据误差预测预测结果决定是否更新计算，具体阈值如表 5.4 所示。

图 5.11 和图 5.12 分别给出了 Test10 - 7 次试车氢冷排气蚀管出口压力和 Test13 - 4 次试车氧增压气蚀管出口压力的 EPCP - PNN 预测结果。表 5.4 与表 5.5 分别给出了 WPNN、CP - PNN、EPCP - PNN 三种预测方法的测试结果。

表 5.4　预测结果对比

参　数	网络种类	MARE	NRMSE	误差阈值
Test14-3 次试车 P_o 预测	WPNN	5.91%	0.807	±0.15MPa
	CP-PNN	1.65%	0.467	
	EPCP-PNN	2.73%	0.458	
Test10-7 次试车 P_{il2} 预测	WPNN	6.22%	0.886	±0.25MPa
	CP-PNN	1.88%	0.511	
	EPCP-PNN	2.58%	0.624	
Test13-2 次试车 P_{hog} 预测	WPNN	5.23%	0.749	±0.15MPa
	CP-PNN	1.67%	0.446	
	EPCP-PNN	2.61%	0.478	
Test13-3 次试车 P_{ero} 预测	WPNN	5.07%	0.723	±0.5MPa
	CP-PNN	2.33%	0.438	
	EPCP-PNN	2.41%	0.441	
Test13-4 次试车 P_{ipno} 预测	WPNN	5.51%	0.762	±0.8MPa
	CP-PNN	1.51%	0.453	
	EPCP-PNN	2.26%	0.537	
Test14-2 次试车 P_{ed7} 预测	WPNN	5.44%	0.755	±35L/s
	CP-PNN	2.06%	0.408	
	EPCP-PNN	2.12%	0.516	

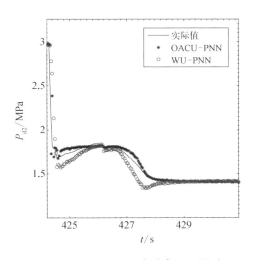

图 5.11　Test10-7 次试车 P_{il2} 预测

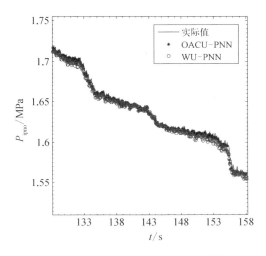

图 5.12　Test13-4 次试车 P_{ipno} 预测

表 5.5   极限预测时间与平均预测耗时对比

参 数	PNN 模型	极限预测时间	平均计算耗时
Test14 - 3 次试车 P_o 预测	WPNN	—	0.063 s
	CP - PNN	1.7 s	0.088 s
	EPCP - PNN	1.5 s	0.070 s
Test10 - 7 次试车 P_{il2} 预测	WPNN	—	0.062 s
	CP - PNN	1.6 s	0.092 s
	EPCP - PNN	1.5 s	0.068 s
Test13 - 2 次试车 P_{hog} 预测	WPNN	—	0.063 s
	CP - PNN	1.8 s	0.087 s
	EPCP - PNN	1.4 s	0.068 s
Test13 - 3 次试车 P_{ero} 预测	WPNN	—	0.062 s
	CP - PNN	1.6 s	0.087 s
	EPCP - PNN	1.5 s	0.067 s
Test13 - 4 次试车 P_{ipno} 预测	WPNN	—	0.063 s
	CP - PNN	2.0 s	0.088 s
	EPCP - PNN	1.6 s	0.069 s
Test14 - 2 次试车 P_{ed7} 预测	WPNN	—	0.062 s
	CP - PNN	1.8 s	0.087 s
	EPCP - PNN	1.5 s	0.069 s

可以看出,CP - PNN 的准确的最高但计算效率最低,EPCP - PNN 具有相对适中的精度和效率,CP - PNN 和 EPCP - PNN 的预测精度相差不是很大,但是相对于 WPNN 均有较大的提升。相对于 CP - PNN, EPCP - PNN 无权重合成计算,而是将误差预测值直接补偿到故障预测参数的预测值,有效降低了预测方法的复杂性,提高了执行效率。相对于 WPNN 方法,EPCP - PNN 通过对误差预测补偿,有效提高了网络对局部数据的适应性,增强网络的泛化能力,能够较好地解决 LRE 的参数和故障趋势预测问题。

由于 PNN 基于统计误差最小化原则进行学习,难以保证对全部样本都具有良好的学习性能,发生局部数据学习效果较差的现象是难以避免的。EPCP - PNN 采用模型 F_A 对全局样本进行学习,实现了对数据趋势与周期变化的预测;通过模型 F_B 对误差时间序列进行预测,实现了对局部数据特性的预测,能够在一定程度上弥补因 F_A 对局部数据学习效果较差,造成局部预测精度偏低的缺陷。

分析 EPCP - PNN 的基本原理,可以看出它与趋势提取、周期分解的预测方法十分类似。趋势提取、周期分解的方法通过对数据变化趋势提取以及周期变化分解来实现对时间序列的预测。但是,对于复杂时间序列数据,EPCP - PNN 方法并未对原始数据进行趋势和周期的提取与分析,从而保留了历史数据全部的原始特征,避免了基于先验知识对时间序列进行分解所造成的信息失真,也避免了引入新数据特征的风险。测试结果表明,相对单一的 PNN,EPCP - PNN 方法具有更好预测效果,更适用于解决对预测精度和预测效率要求较高的故障预测问题。但是,对于具有不同特性的时间序列,该方法在误差预测模型、权值更新策略与误差阈值对预测效果的影响等方面还需要进一步深入研究。

5.5　本 章 小 结

　　针对 PNN 在发动机稳态过程故障预测中存在泛化能力有限、模型复杂和建模难度大的问题,从 PNN 的结构特征入手,建立了组合 PNN 预测模型,并提出基于误差预测修正的预测方法,并采用 LRE 地面热试车数据对上述方法进行了考核。得到以下结论。

　　(1) 提出并实现了一种基于动态权重合成的 CP - PNN 预测方法。测试表明,该方法对 1 次正常数据和 5 次故障数据预测的 MARE 值最大为 2.33%,最小为 1.51%,最短极限预测时间为 1.6 s,最长平均预测耗时为 0.092 s。相对于单一网络,CP - PNN 的预测精度和极限预测时间均有较大提升,同时还避免了确定网络结构时所需的烦琐过程,明显降低了建模难度。但是,CP - PNN 的计算过程相对烦琐,相对单一网络而言计算效率并不占优,更适用于预测精度要求高、建模速度要求低的情况。

　　(2) 提出并实现了一种基于误差预测修正的预测方法 EPCP - PNN。测试表明,该方法对 1 次正常数据和 5 次故障数据预测的 MARE 值最大为 2.73%,最小为 2.12%,最短极限预测时间为 1.5 s,最长平均预测耗时为 0.070 s。其预测精度和极限预测时间均优于单一网络而低于 CP - PNN,预测效率与单一网络接近。EPCP - PNN 通过对误差时间序列进行预测,并补偿到故障预测参数时间序列,能够使规模较小的网络具有较好泛化能力和计算效率。EPCP - PNN 更适用于准确性和时效性需求较高的情况。

　　(3) 无论 CP - PNN 还是 EPCP - PNN,研究中都是对发动机整个稳态过程的全部样本进行学习,其在本质上都属于全局模型,因此难免会产生因局部数据学习效果不同,导致预测方法在 LRE 故障预测过程中出现预测性能波动的问题。需要进一步研究依据 LRE 不同工作过程的数据特征,建立相应的 PNN 模型来解决上述问题。

参考文献

[1]　Krogh A, Vedelsby J. Neural Network Ensembles, Cross Validation and Active Learning[J].

Advances in Neural Information Processing Systems, 1995, 7(6): 231 - 238.

[2] Valiant L G. Theory of The Learnable[J]. Communications of The ACM, 1984, 27(11): 1132 - 1142.

[3] 孙智源. 基于过程神经网络集成的航空发动机性能衰退预测[D]. 哈尔滨: 哈尔滨工业大学,2010.

[4] Liu Z G, Wang X R, Qian Q Q. A Review of Wavelet Networks and Their Applications[J]. Automation of Electric Power System, 2003, 27(6): 73 - 79.

[5] 钟诗胜,丁刚,付旭云. 过程神经网络模型及其工程应用[M]. 北京: 国防工业出版社, 2014.

第6章
基于样本重构的 PNN 预测方法

6.1 引　言

　　PNN 是以统计误差最小为学习目标,在实际使用中会产生预测性能波动较大的问题[1]。特别是发动机稳态过程,额定工况、高工况和低工况经常交替进行,全局 PNN 预测模型很难对每种工况过程都具有较好的学习效果,并且全局 PNN 模型的优化难度大,难以对发动机新加入的工况调节时序进行有效预测。因此,在分析数据样本对 PNN 预测性能影响的基础上,如何根据数据不同阶段的特性,建立局部 PNN 预测模型就成为解决上述问题的关键。

　　PNN 预测模型是基于 LRE 的样本建立的,而样本是否足够、是否准确、是否可以有效表征 LRE 的特性,对于建立可靠有效的 PNN 预测模型来说是十分重要的。与传统 ANN 一样,采用 PNN 对发动机进行建模预测时(不考虑其他因素影响,只考虑学习样本的影响),学习样本的数量越多,提供的发动机数据信息就越多,PNN 对发动机工作过程的认知程度就越深,其预测精度就越高,但同时 PNN 的建模与优化难度也会大幅增加。若样本数量较少,虽然会降低网络建模与训练难度,但是会造成 PNN 获取的信息不足,导致预测结果产生很大的偏差。另外,样本的质量对 PNN 的性能也有很大的影响。样本的质量主要是样本的准确性。由于液体火箭发动的故障预测参数来源于测量数据,不可避免带有一定的误差。因此,在选择样本时,应尽量克服各种干扰因素,避免网络学习到过多的误差,造成预测精度下降。由于 LRE 系统状态是不断发展变化的,因而样本的选择既要兼顾发动机系统平稳过程的普遍性,又要兼顾发动机系统突变时的特殊性,这样才有能够建立有效的局部 PNN 预测模型,提高方法的准确性、敏感性和鲁棒性。

　　关于数据样本对 ANN 建模难度和网络性能的影响,研究人员已取得不少研究成果。例如,文献[2]针对航空发动机,分析了样本数量和质量对 ANN 预测模型的影响。文献[3]研究了学习样本扩充方法以解决 ANN 训练样本稀少难以有效建模的问题。文献[4]对样本的构造方法进行了研究,并分析该方法对 ANN 预测性能的影响。但是,数据样本的数量、质量和代表性对 PNN 的影响究竟如何,还鲜见报道。特别是对于发动机数据,怎样在有限的条件下,选取真实可靠且具有代表性的样本,并建立相应的 PNN 模型,提高预测性能,还未见报道。为此,6.2 节重点探究这个问题。

LRE 作为一类复杂热流体动力系统,其不同工况,系统特性变化明显,而 LRE 随时间变化的动力学特性往往包含有多种趋势与隐周期成分。利用发动机的这些动力学特性,对全局样本进行划分并建立相应的局部预测模型,有利于提高 PNN 的预测性能并降低网络优化难度。6.3 节讨论这个问题。

虽然 LRE 的工况时序有可能不同,但是在相同工况下,发动机故障预测参数的变化情况基本相同。因此,可以根据不同工况的数据特征,建立相应的局部 PNN 预测模型,并通过适当组合方法来实现发动机整个稳态阶段的故障预测,以提高 PNN 方法的适应性。6.4 节分析这个问题。

6.2　PNN 样本构造

6.2.1　样本预处理

PNN 的训练样本来源于 LRE 的测量值,为了保证样本的质量,在构建训练样本之前,应该对 LRE 的测量数据实施预处理。预处理主要包括剔除粗大误差、填充空缺值和滤波处理等。

1. 剔除粗大误差

LRE 的状态主要有以下三种情况:① 稳定的平衡状态;② 系统随时间发生缓慢的变化;③ 系统发生突然性的变化。在构建样本时,如果出现个别数据变化幅度较大的情况,就要对其真实性进行辨别,这对于 PNN 是否能够准确地提取 LRE 的系统特性来说是十分重要的。

粗大误差的辨别还要依靠系统物理特性和统计特性,具体方式如下。

(1)物理方法。LRE 系统各个测量参数不是相互独立的而是存在某些关联的,根据他们之间这些确定的关联方式,能够推断出所得数据是粗大误差还是真实值。例如,LRE 涡轮泵的流量与转速之间是成正比的,若某时刻其中一个参数出现突然性变化,而另一个参数却未出现变化,此时往往是测量数据出现问题而不是 LRE 状态有了变化。这种方法具有一定的物理意义,易于理解和应用,但是需要对 LRE 系统的工作特性具有深刻的认识和理解。

(2)统计方法。统计方法是根据一定的显著性水平确定置信区间,然后通过拉依达准则判断数据是否为粗大误差。具体方法如下。

采用一次平滑,对数据 $\{x_i\}_{i=1}^{n}$ 进行处理,即

$$\begin{cases} \hat{x}_{i+1} = \sum_{j=0}^{i-1} \beta(1-\beta)^j x_{i-j} = \beta x_i + (1-\beta)\hat{x}_i \\ \hat{x}_1 = x_1 \end{cases} \tag{6.1}$$

式中，$\hat{x}_i$ 为平滑值；β 为平滑系数。

设样本 $\{x_i\}_{i=1}^n$ 的标准方差为 S，相关系数为 λ。根据拉依达准则，利用式 (5.2) 来判断数据是否为粗大误差。

$$| x_i - \hat{x}_i | > \lambda \cdot S \tag{6.2}$$

若 x_i 满足式 (6.2)，则其为粗大误差，需要剔除。对于剔除的 x_i，可采用插值来代替，即

$$x_i = \frac{x_{i-1} + x_{i+1}}{2} \tag{6.3}$$

在对 LRE 数据进行处理时，经常将物理方法和统计方法结合使用。

2. 填充数据空缺值

发动机传感器在实际使用过程中由于种种因素，往往会发生数据漏记，造成测量数据缺失。为增强样本质量，必须对空缺的数据进行填充，以免造成 PNN 的性能下降。常用的方法有平均值填充法、热卡填充法和多重填充法，这里不再赘述。

3. 数据滤波处理

滤波处理的目的是通过对数据误差进行估计，对误差进行一定的补偿，以获得更高精度的测量数据。传统的滤波方法主要有中值滤波、均值滤波、加权平均滤波与限幅滤波等等，上述方法在实际应用中较为成熟，这里不再赘述。鉴于 LRE 在地面热试车中，多采用冗余传感器对参数进行记录，本节提出一种基于支持度信息融合的滤波算法。

设冗余个数为 n，观测参数为 X，设在 k 时第 i 个传感器获得的测量值为

$$z_i(k) = x(k) + v_i(k) \quad (k = 1, 2, \cdots, K) \tag{6.4}$$

式中，$x(k)$ 为真实值；$v_i(k)$ 为噪声。若在 k 时刻有两个测量值 $z_i(k)$ 与 $z_j(k)$ 差异度很大，则 $z_i(k)$ 与 $z_j(k)$ 之间的支持度较低，反之它们之间的支持度则较高。

为避免传统支持度算法中支持度非 0 即 1 的绝对性，研究中引入双曲正切函数来计算支持度，即

$$a_{ij}(k) = \frac{2}{1 + e^{\alpha[z_i(k) - z_j(k)]^2}} - 1 \tag{6.5}$$

式中，$a_{ij}(k)$ 为传感器 i 与 j 在 k 时刻的支持度；α 为支持度调节系数。

此时，第 i 个测量值与其他各个测量值之间的支持度的和 $A_i(k)$ 为

$$A_i(k) = \sum_{j=1}^n a_{ij}(k) \tag{6.6}$$

式中, $A_i(k)$ 表示的是传感器测量值之间的相似程度,若 $A_i(k)$ 越大,则测量值之间的相似程度就越高,一致性就越强,若 $A_i(k)$ 越小则一致性越低。此时,传感器测量值的一致性均值和方程为

$$E_i(k) = \frac{1}{k} \sum_{t=1}^{k} r_i(t) \tag{6.7}$$

$$D_i(k) = \frac{1}{k} \sum_{t=1}^{k} [E_i(k) - r_i(t)]^2 \tag{6.8}$$

式中, $r_i(k) = \dfrac{\sum_{j=1}^{n} a_{ij}(k)}{n}$,称为一致性度量。

　　测量值融合的权系数是时变函数,即遗忘函数,本节采用常值分段遗忘函数,构造融合权重[5]。令

$$F(t) = \begin{cases} 0, & 0 \leqslant t \leqslant M \\ 1, & M \leqslant t \leqslant N \end{cases} \tag{6.9}$$

那么,引入遗忘函数后的一致性均值与方差分别为

$$E_i(k) = \begin{cases} \frac{1}{k} \sum_{t=1}^{k} r_i(t), & k \leqslant m \\ \frac{1}{m} \sum_{t=k-m+1}^{k} r_i(t), & k > m \end{cases} \tag{6.10}$$

$$D_i(k) = \begin{cases} \frac{1}{k} \sum_{t=1}^{k} [E_i(k) - r_i(t)]^2, & k \leqslant m \\ \frac{1}{m} \sum_{t=k-m+1}^{k} [E_i(k) - r_i(t)]^2, & k > m \end{cases} \tag{6.11}$$

式中, $m = N - M$。以线性函数关系构造权重,有

$$q_i(k) = [1 - \lambda D_i(k)] E_i(k) \tag{6.12}$$

　　最终融合结果为

$$\hat{x}(k) = \frac{\sum_{i=1}^{n} q_i(k) z_i(k)}{\sum_{i=1}^{n} q_i(k)} \tag{6.13}$$

至此,采用式(6.10)~式(6.13),可以对多个传感器的结果进行融合滤波。

6.2.2　样本重构

1. 数据扩充

工程实际中某些情况下很难获取足够多的样本。例如,恶性故障的样本,又或者由于各种原因造成某一参数的数据采集不全,此时需要在现有的数据基础上,利用某种算法对数据进行一定的扩充,以满足 PNN 学习需要。最常用的方法是利用样条函数对已有数据进行拟合,然后再将拟合的函数进行离散,以获取更多的数据样本,具体方法可以参见文献[2]。

2. 相空间重构

时间序列特征分析的主要任务是对数据的周期、变化趋势等特征进行分析,以选取有代表性的数据作为 PNN 的学习样本。工程中,常采用相空间重构分析时间序列的特性,以提取具有代表性的数据样本。

对于数据 $\{x_i\}_{i=1}^n$,由 Takens 定理有

$$Y_i = (x_i, x_{i+\tau}, \cdots, x_{i+(m-1)\tau}), \quad (i = 1, 2, \cdots, M) \tag{6.14}$$

式中,M 为相空间重构维数且有 $M = n - (m-1)\tau$;Y_i 为重构的相空间向量;τ 为延迟时间;m 为嵌入维数。

由(6.14)可知,m 与 τ 的选取至关重要。为快速选取合适的 m 与 τ,研究中采取自相关函数确定延迟时间,由 G－P 算法确定嵌入维数,具体步骤可参见文献[4]。

相空间重构方法不仅可以用来分析数据的动力学特性,还可以结合样条拟合函数对数据较少的样本进行扩充。

设某时间序列 $\{x_i\}_{i=1}^n$,经过样条拟合扩充后转化为 $\{y_k\}_{k=1}^N$。这里,$N = n + (n-1)\rho$,ρ 为 $\{x_i\}_{i=1}^n$ 中相邻两个数值之间补充的数据个数。选定延迟时间 τ 和嵌入维数 m 后,对 $\{y_k\}_{k=1}^N$ 进行相空间重构,得到如下相空间向量,即

$$Y_k = (y_k, y_{k+\tau}, \cdots, y_{k+(m-1)\tau}), \quad (k = 1, 2, \cdots, M) \tag{6.15}$$

式中,$M = N - (m-1)\tau$。

选取合适的正交基函数,将 $(y_l, y_{l+\tau}, \cdots, y_{l+(m-1)\tau})$ 拟合为时变函数 $y_l(t)$ 作为 PNN 输入,$y_{l+(m-1)\tau}$ 作为 PNN 的目标输出,则可有 $M-1$ 个样本,这里 $l = 1, 2, \cdots, M-1$。展开前重构样本的具体形式如式(5.16)。

$$\{y_l, y_{l+\tau}, \cdots, y_{l+(m-1)\tau} \mid y_{(l+1)+(m+1)\tau}\}_{l=1}^{M-1} \tag{6.16}$$

式中,$y_l, y_{l+\tau}, \cdots, y_{l+(m-1)\tau}$ 为网络输入;$y_{(l+1)+(m-1)\tau}$ 为网络目标输出。

选择合适的基函数对式(6.16)变换有

$$\{y_l(t) \mid y_{(l+1)+(m-1)\tau}\}_{l=1}^{M-1} \tag{6.17}$$

式中，$y_i(t)$ 为网络输入；$y_{(l+1)+(m-1)\tau}$ 网络目标输出。按式（6.17）构建的学习样本，能够较好地反映原系统的动力学特性。

6.2.3 样本对 PNN 预测的影响分析

LRE 工作在能量剧烈释放的环境中，噪声干扰大，传感器测量条件差，易出现传感器失灵、测量数据缺失等问题。若不进行数据处理，很难直接用于故障预测。本节以 LRE 推力室室压为例，对 6.2.1 小节和 6.2.3 小节的数据处理和样本构造方法进行分析。

1. 数据预处理影响

取某次试车推力室两个传感器的室压数据，采样间隔为 0.1 s，共 7.5 s。记两个传感器记录的推力室室压所构成的两组时间序列分别为 $\{Pc1_i\}_{i=1}^{75}$ 和 $\{Pc2_i\}_{i=1}^{75}$，如图 6.1 所示。分别取两个时间序列的前 50 个数据作为训练样本即 $\{Pc1_i\}_{i=1}^{50}$ 与 $\{Pc2_i\}_{i=1}^{50}$，采用 5.2.1 小节的方法对其进行预处理。首先进行粗大误差剔除，采用统计方法可知，$\{Pc2_i\}_{i=1}^{50}$ 中第 46 个数据 $Pc2_{46}$ 为粗大误差，需要剔除并补齐，记处理后的时间序列为 $\{Pc2'_i\}_{i=1}^{50}$。然后采用信息融合方法，对 $\{Pc1_i\}_{i=1}^{50}$ 和 $\{Pc2'_i\}_{i=1}^{50}$ 进行滤波，滤波后时间序列记为 $\{Pc3_i\}_{i=1}^{50}$，如图 6.2 所示。

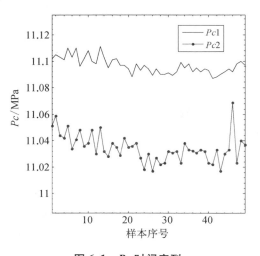

图 6.1 Pc 时间序列

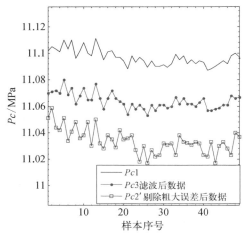

图 6.2 Pc 数据信息融合滤波

以 $\{Pc1_i\}_{i=1}^{50}$ 中连续 4 个点拟合为时变函数作为 PNN 输入，相邻的第 5 个点设为 PNN 目标输出，一共能够构造 45 组样本；同样，由时间序列 $\{Pc2'_i\}_{i=1}^{50}$ 也得到 45 组样本，共计 90 组样本，记为 Sample‑1。采用同样的方法以 $\{Pc1_i\}_{i=1}^{50}$ 和 $\{Pc2_i\}_{i=1}^{50}$ 构建样本，得到 90 组样本，记为 Sample‑2。以同样方式对时间序列

$\{Pc3_i\}_{i=1}^{50}$ 进行样本构建,得到 45 组样本,记为 Sample – 3。采用结构为 1 – 10 – 1 的 DPFPNN,分别对 Sample – 1、Sample – 2、Sample – 3 进行学习;取傅里叶正交函数系化简 PNN 的运算过程,基函数取 6 个。使用 LM 训练上述 DPFPNN,误差精度设为 0.01。得到的网络模型分别记为 DPFPNN1、DPFPNN2 与 DPFPNN3。

以 $\{Pc1_i\}_{i=51}^{75}$ 与 $\{Pc2_i\}_{i=51}^{75}$ 作为测试数据,分别记为 Test – 1 与 Test – 2,采用训练好的网络分别对 Test – 1 与 Test – 2 进行预测,并以同样的方法重复试验 2 次,可以得到如表 6.1 所示的结果。由表 6.1 可知,经过测量误差筛除与传感器信息融合滤波,提高了训练样本的准确度,进而有效地提高了 PNN 的预测能力。但是,由于数据样本较少,每次训练后网络参数都有一定差别,因此预测结果波动性较大。这也说明如果训练样本过少,PNN 的稳定性、敏感性和鲁棒性难以保证。

表 6.1　粗大误差处理前后对比

试验序号	测试样本	网络种类	迭代次数	平均预测耗时	MARE
1	Test – 1	DPFPNN1	21	0.065 s	6.72%
		DPFPNN2	11	0.051 s	5.08%
		DPFPNN3	10	0.048 s	4.55%
	Test – 2	DPFPNN1	21	0.068 s	6.61%
		DPFPNN2	11	0.050 s	3.29%
		DPFPNN3	10	0.052 s	3.21%
2	Test – 1	DPFPNN1	13	0.061 s	4.10%
		DPFPNN2	8	0.051 s	4.22%
		DPFPNN3	9	0.050 s	3.96%
	Test – 2	DPFPNN1	13	0.062 s	6.25%
		DPFPNN2	8	0.051 s	6.02%
		DPFPNN3	9	0.052 s	4.31%
3	Test – 1	DPFPNN1	36	0.068 s	10.56%
		DPFPNN2	15	0.053 s	4.13%
		DPFPNN3	15	0.050 s	4.07%
	Test – 2	DPFPNN1	36	0.067 s	11.06%
		DPFPNN2	15	0.051 s	5.90%
		DPFPNN3	15	0.052 s	5.61%

2. 样本重构影响

首先,对 $\{Pc1_i\}_{i=1}^{75}$ 与 $\{Pc2_i\}_{i=1}^{75}$ 筛除误差并信息融合滤波,得到时间序列

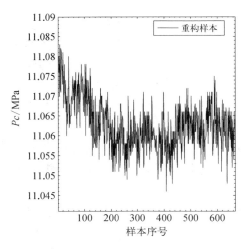

图 6.3 　Pc 时间序列数据扩充

$\{Pc3_i\}_{i=1}^{75}$。采用样条拟合对 $\{Pc3_i\}_{i=1}^{75}$ 进行扩充,ρ 取 8,得一个新的时间序列,记为 $\{Pc_k\}_{k=1}^{667}$,如图 6.3 所示。以连续 397 个数据拟合成时变函数,作为网络输入,相邻的第 398 个数据作为网络目标输出,构成 270 个样本,即 $\{Pc_k,\ Pc_{k+1},\ \cdots,\ Pc_{k+396};\ Pc_{k+397}\}_{k=1}^{270}$;将前 170 组样本作为训练样本,后 100 组作为测试样本,测试样本记为 Test-1。采用 6.2.2 小节的方法对 $\{Pc_k\}_{k=1}^{667}$ 进行重构,取 $\tau = 29$ 和 $m = 12$,则重构后可以得到 270 组样本,记为 $\{Pcq_k(t),\ Pcq_k\}_{k=1}^{270}$。取 $\{Pcq_k(t),\ Pcq_k\}_{k=1}^{170}$ 作为训练样本,以 $\{Pcq_k(t),\ Pcq_k\}_{k=171}^{270}$ 作为测试样本,记为 Test-2。

取结构为 1-10-1 的 DPFPNN,采用傅里叶正交函数系对网络输入与连接权函数进行展开,基函数个数为 6。将该 DPFPNN 分别对样本 $\{Pcq_k(t),\ Pcq_k\}_{k=1}^{170}$ 和 $\{Pc_k,\ Pc_{k+1},\ \cdots,\ Pc_{k+396};\ Pc_{k+397}\}_{k=1}^{170}$ 进行学习。采用 LM 学习算法进行网络训练,学习误差精度为 0.001,训练完成后的网络分别记为 DPFPNN1 与 DPFPNN2,以同样的方法进行 5 次试验作为对比,如表 6.2 和表 6.3 所示。

表 6.2 　基于样本扩充的预测试验结果

序　号	样本代号	网络种类	学习次数	平均预测耗时/s	MARE
1	Test-1	DPFPNN1	31	0.068	3.23%
2	Test-1	DPFPNN1	28	0.066	3.11%
3	Test-1	DPFPNN1	26	0.068	2.85%
4	Test-1	DPFPNN1	31	0.065	3.17%
5	Test-1	DPFPNN1	47	0.065	2.97%

表 6.3 　基于样本重构的预测试验结果

序　号	样本代号	网络种类	学习次数	平均预测耗时/s	MARE
1	Test-2	DPFPNN2	17	0.061	2.63%
2	Test-2	DPFPNN2	18	0.061	2.49%
3	Test-2	DPFPNN2	16	0.061	2.26%

序　号	样本代号	网络种类	学习次数	平均预测耗时/s	MARE
4	Test − 2	DPFPNN2	18	0.062	2.42%
5	Test − 2	DPFPNN2	24	0.062	2.64%

　　结合表 6.1、表 6.2 与表 6.3 可知,经过数据扩充后与相空间重构后所构造的学习样本,在很大程度上解决了因数据样本不足导致网络预测性能不稳定的问题。由表 6.2 可知,基于相空间重构方法提取后的 LRE 数据更具代表性,其使得 PNN 的预测精度和预测性能都得到了大幅提升。结合表 6.2 和表 6.3 可知,基于样条拟合数据扩充的 5 次试验,PNN 学习平均迭代次数为 32;基于样本重构的 5 次试验,PNN 学习平均迭代次数为 18。可见,样本规模越小,PNN 学习难度越小,PNN 优化速度越快。基于相空间重构方法构建的样本,不仅更具代表性,还缩减了样本规模,因而使 PNN 具有了较高学习效率和较好的预测能力。

6.3　基于多尺度分析的 PNN 预测方法

　　由 6.2.3 小节的分析可知,选择有代表性的样本进行网络训练,往往能够有效地提高网络的预测能力。基于相空间重构的方法本质上是从时间尺度上选择具有代表性的采样点来构建样本,这样不仅可以提高网络的预测能力,还在一定程度上缩减了样本长度,降低了网络学习难度。

　　然而,在实际应用中还存在以下问题:① 发动机系统的动力学特性是随时间发展变化的,在预测时间跨度较长时,基于相空间重构的样本其代表性会有所下降;② 相空间重构样本所选择的采样点之间的间隔较大,有时难以反映局部数据的特性,造成局部预测精度降低;③ 发动机故障预测参数构成的时间序列往往蕴含多种趋势与周期成分,相空间重构样本难以反映时间序列所蕴含的全部特性,以此建立的 PNN 模型其性能往往不理想。

　　针对上述问题,本节研究提出一种基于时间序列多尺度分析的并行 PNN (multiscale parallel PNN,MP − PNN)预测方法。应用不同的采样频率对 LRE 数据构成的时间序列进行重采样,以获得不同时间尺度的子时间序列样本,根据重构后的子时间序列建立相应的网络预测模型,以降低网络建模与优化难度。预测时,多 PNN 模型并行预测,选择最优模型作为预测输出,以保证预测精度。

6.3.1　多尺度分析方法

多尺度分析是指对 LRE 测量数据构成的时间序列进行多种采样率的抽取,对抽取的各个子时间序列进行分析以进一步获得原始数据在不同采用率的条件下的特征[6]。通过对时间序列进行多尺度分析,能够得到反映系统在时间域中多个时间层次的周期特性与局部数据特征[7]。经过采样抽取后获得的子时间序列相对于原始序列在数据量上有了大幅度的减小,以上述子时间序列样本来训练 PNN,可以有效降低 PNN 的优化难度。

将时间序列 $X(n)$,表示为

$$X(n) = \{x_n, x_{n-1}, \cdots, x_{n-l}, \cdots, x_1\} \tag{6.18}$$

其多尺度子时间序列为

$$X_\tau(n, \tau) = \{x_n, x_{n-\tau}, \cdots, x_{n-\tau l}\} \tag{6.19}$$

其中,τ 为采样间隔,取正整数;$l = \mathrm{int}\left(\dfrac{n}{\tau}\right) - 1$,$\mathrm{int}(x)$ 表示取不超过 x 的最大整数。

由式(6.19)可知,当 $\tau = 1$ 时,子时间序列与原时间序列等价;若 τ 取不同的数值,即可实现数据的多尺度抽取与分析。

图 6.4 为时间序列多尺度重构的示意图。假设对 $X(n)$ 进行多尺度重构的最大采样间隔为 $\tau = L$,那么所获得的子序列为

$$\begin{aligned}
X_1(n, 1) &= \{x_n, x_{n-1}, \cdots, x_1\} \\
X_2(n, 2) &= \{x_n, x_{n-2}, \cdots, x_{n-2[\mathrm{int}(n/2)-1]}\} \\
&\vdots \\
X_L(n, L) &= \{x_n, x_{n-L}, \cdots, x_{n-L[\mathrm{int}(n/L)-1]}\}
\end{aligned} \tag{6.20}$$

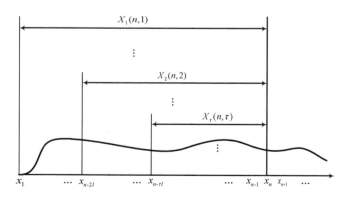

图 6.4　数据多尺度重构过程

由式(6.20)可知,通过多尺度重构后的子时间序列共有 L 个,实现了原时间序列在不同时间间隔上的重构,扩展了样本数量。相对于原时间序列,各个子时间序

列在不同程度上缩减了样本长度,降低了 PNN 预测模型的优化难度。

6.3.2　多尺度并行 PNN 预测方法

由 LRE 故障预测参数构成的时间序列往往具有较强的非线性与非平稳性,并且常常蕴含多种趋势与周期特性,如果采用单一 PNN 建立全局模型进行预测,不仅建模与训练难度大,而且容易因为参数和结构设置不当发生过拟合现象造成 PNN 性能降低[8],使得应用 PNN 进行 LRE 故障预测的难度加大。

通过对数据进行不同采样间隔的重构,不仅能够有效缩减数据的长度,还能够保留原始数据的历史特征。相对于原始数据,多尺度重构有效缩减了数据长度,因而减小了 PNN 的建模与优化难度。为了保证预测在样本缩减的条件下,预测输出结果能够具有较高的精度,本节采用多 PNN 并行预测,选择最优网络模型输出预测结果。

MP-PNN 方法原理如图 6.5 所示。该方法的应用主要分为离线训练与并行预测两个阶段。

(1)离线训练。对原始时间序列以不同的采用间隔 τ 进行多尺度重构,获得表征不同趋势、周期与邻域特性的子时间序列。采用不同的 PNN 模型对上述序列进行学习训练,进而获得并行 PNN 模型。

(2)并行预测。预测时,选择最优 PNN 模型对待测样本进行预测输出,同时按照离线训练中选用的采用间隔 τ,对更新样本进行多尺度重构,以重构后的样本

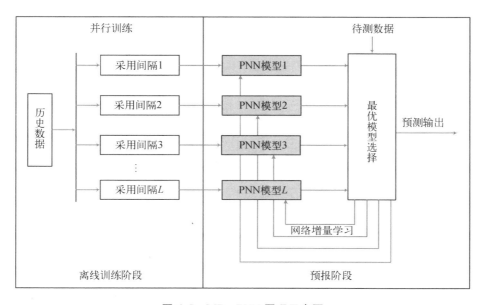

图 6.5　MP-PNN 原理示意图

对所有的并行 PNN 模型进行增量学习,学习完毕后等待新的测试样本进行预测。如此循环直到预测结束。

如图 6.6 所示,MP - PNN 方法的具体流程如下。

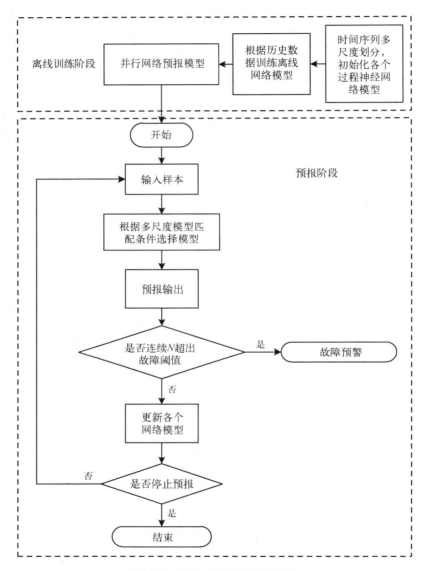

图 6.6   MP - PNN 原理示意图

设多采样间隔为 $\{\tau_1, \tau_2, \cdots, \tau_L; \tau_1 < \tau_2 <, \cdots, < \tau_L\}$;子时间序列的网络模型为 $PNN_l(l = 1, 2, \cdots, L)$;将多尺度预测模型记为 MP - PNN( ),其中,MP - PNN(l)表示选择第 l 个子时间序列预测模型,作为多尺度预测模型的输出;将最优

模型选择条件记为 $SelectBestmodel(\ )$，其中，$SelectBestmodel(l)$ 表示某步预测时，第 l 个子时间序列预测模型符合最优条件。

步骤 1：数据预处理；

步骤 2：根据预设的采样间隔 $\{\tau_1, \tau_2, \cdots, \tau_L\}$，对原始数据进行不同采样率抽取；

步骤 3：根据各子时间序列，训练各个 $PNN_l(l = 1, 2, \cdots, L)$ 模型；

步骤 4：输入待测样本，根据最优模型选择条件，选择相应的网络模型 $SelectBestmodel(l)$；

步骤 5：应用多尺度预测模型 MP‑PNN(l) 进行预测；

步骤 6：根据网络增量学习方法，对各个子时间序列预测模型进行增量学习；

步骤 7：数据更新，重复步骤 1~步骤 6。

使用 MP‑PNN 方法的关键是如何选择最优多尺度子模型。为保证方法具有较高的预测精度，研究中采用误差最小原则选择最优子模型，具体方法如下：

第 1 步预测时，取采样时间间隔最小的子时间序列预测模型的输出，作为第 1 步多尺度预测模型的输出；

在第 i 步预测时，取第 $i-1$ 步中预测效果最好的 PNN，作为第 i 步的最优 PNN，其输出作为第 i 步并行 PNN 的输出。如此反复，直到预测结束。

6.3.3　仿真验证及结果分析

以 4.3.3 小节中的训练与测试数据为例，对 MP‑PNN 方法的适用性与预测性能进行考核验证。

采样间隔取 $\{\tau_1, \tau_2, \tau_2\} = \{1, 2, 3\}$，以 DPFPNN 建立故障预测参数预测模型，对应三种采样间隔的子时间序列预测模型分别记为 DPFPNN1、DPFPNN2 与 DPFPNN3，具体网络结构与参数设置如表 6.4 所示。由 DPFPNN1、DPFPNN2 与 DPFPNN3 组成 MP‑PNN 预测模型。

表 6.4　网络结构与参数设置

采样间隔	子预测模型	拓扑结构	基函数	基函数个数	隐层激励函数
1	DPFPNN1	1 – 10 – 1	傅里叶函数	8	Sigmoid 函数
2	DPFPNN2	1 – 10 – 1	傅里叶函数	8	Sigmoid 函数
3	DPFPNN3	1 – 10 – 1	傅里叶函数	8	Sigmoid 函数

以连续 10 个数据拟合为时变函数，作为网络 DPFPNN1 输入；相邻的第 11 个

数据作为网络目标输出,构建学习样本;预测时,外推预测 10 个点。以连续 5 个数据拟合为时变函数,作为网络 DPFPNN2 输入;相邻的第 6 个数据作为网络目标输出,构建学习样本;预测时,外推预测 5 个点。以连续 4 个数据拟合为时变函数,作为网络 DPFPNN3 输入;相邻的第 5 个数据作为网络目标输出,构建学习样本;预测时,外推预测 4 个点。三个子模型均采用输出权值更新方法进行增量学习,采取全局更新方式,每输入 10 个数据,按照采样间隔进行输出权值更新。

采用 LM 算法,对 MP - PNN 预测模型中的各个子网络 DPFPNNi($i=1,2,3$)进行训练,DPFPNNi($i=1,2,3$)的学习迭代次数如表 6.5 所示。由于采样间隔逐渐增大,子模型的学习样本规模逐步减小,学习效率逐步提高。可见,相对于全局建模的 PNN 预测模型,MP - PNN 具有更高建模效率。

表 6.5   MP - PNN 预测模型学习迭代次数

预 测 参 数	采样间隔	子预测模型	训 练 次 数
Test14 - 3 次试车 P_o 预测	1	DPFPNN1	15
	2	DPFPNN2	10
	3	DPFPNN3	8
Test10 - 7 次试车 P_{il2} 预测	1	DPFPNN1	21
	2	DPFPNN2	11
	3	DPFPNN3	8
Test13 - 2 次试车 P_{hog} 预测	1	DPFPNN1	16
	2	DPFPNN2	15
	3	DPFPNN3	10
Test13 - 3 次试车 P_{ero} 预测	1	DPFPNN1	18
	2	DPFPNN2	11
	3	DPFPNN3	8
Test13 - 4 次试车 P_{ipno} 预测	1	DPFPNN1	16
	2	DPFPNN2	10
	3	DPFPNN3	9
Test14 - 2 次试车 P_{ed7} 预测	1	DPFPNN1	18
	2	DPFPNN2	12
	3	DPFPNN3	11

图 6.7 和图 6.8 分别给出了 Test10 - 7 次试车中氢冷排气蚀管出口压力与 Test13 - 4 次试车氧增压气蚀管出口压力的预测结果。表 6.6 给出了 MP - PNN 方法与 WU - PNN 方法的预测结果对比。

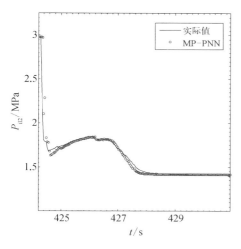

图 6.7　Test10 – 7 次试车 P_{il2} 预测结果

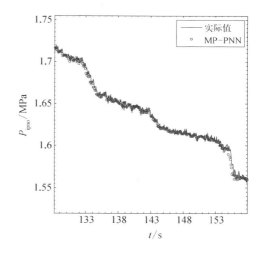

图 6.8　Test13 – 4 次试车 P_{ipno} 预测结果

表 6.6　MP – PNN 与 WU – PNN 预测结果对比

参　　　数	方　法	MARE	NRMSE	极限预测时间	平均计算耗时
Test14 – 3 次试车 P_o 预测	MP – PNN	1.62%	0.403	1.8 s	0.063 s
	WU – PNN	2.57%	0.411	1.5 s	0.066 s
Test10 – 7 次试车 P_{il2} 预测	MP – PNN	2.21%	0.433	1.6 s	0.067 s
	WU – PNN	2.97%	0.482	1.4 s	0.064 s
Test13 – 2 次试车 P_{hog} 预测	MP – PNN	2.91%	0.498	1.5 s	0.066 s
	WU – PNN	2.88%	0.477	1.3 s	0.062 s
Test13 – 3 次试车 P_{ero} 预测	MP – PNN	2.69%	0.421	1.4 s	0.067 s
	WU – PNN	2.51%	0.436	1.3 s	0.064 s
Test13 – 4 次试车 P_{ipno} 预测	MP – PNN	2.76%	0.504	1.5 s	0.066 s
	WU – PNN	2.33%	0.499	1.4 s	0.066 s
Test14 – 2 次试车 P_{ed7} 预测	MP – PNN	2.67%	0.435	1.5 s	0.068 s
	WU – PNN	2.57%	0.451	1.4 s	0.062 s

可以看出,对于 Test14 – 3 次试车氧涡轮泵扬程的预测,MP – PNN 方法预测精度要高于 WU – PNN 方法,而其他预测结果,MP – PNN 方法与 WU – PNN 方法在预测精度方面相差不大,但预测耗时更多。这是因为 Test14 – 3 次试车氧涡轮泵扬程数据邻域相关性不强,通过多尺度采样可以有效提取不同时间尺度上的数据特征,并且减小了样本长度,增强了预测准确性。而其他几次试车,由于发生了故障,数据具有较强的邻域相关性,因而时间多尺度特性不明显,所以 MP – PNN 方法在预测精度与极限预测时间方面并不占优。

对于具有多尺度特性的复杂非线性时间序列来说,MP－PNN 方法可以提高预测精度,并且多尺度采样可以有效地缩减样本长度,使得网络优化变得更容易,并提高了预测效率。因此,MP－PNN 方法更适用于发动机工况调节次数较多,稳态工作阶段时间周期性较强的情况。由于 MP－PNN 有较高的建模效率,同样适用于对新样本数据进行学习与分析,具有较好的工程实用价值。

6.4　基于数据分段的 PNN 预测方法

学习样本的代表性对提升 ANN 的性能有着至关重要的作用。因此,有学者提出通过分类、聚类、模糊等方法,对数据样本进行重构,以生成不同性质的样本集,采用重构后的样本分别对网络进行训练,以此来获得个体差异较大的网络个体,最后采用上述网络进行组合预测,提高 ANN 神经网络的泛化能力[9]。图 6.9 给出了基于样本重构的多模型组合预测方法原理框图。

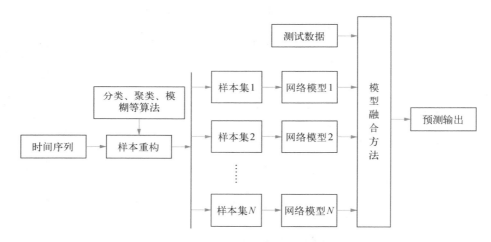

图 6.9　基于样本重构的多模型组合预测方法原理框图

基于样本重构的多模型组合方法大都采用离线建模方式,通过生成多个样本集同时训练多个网络。但是,对于 LRE 来说,一些用于重构的数据往往过于庞大和复杂,给样本重构和网络模型训练增加了一定的难度。另外,由于发动机数据是实时采集的,而且数据更新频率较高,这就要求组合模型具有较高效率的增量学习方法,否则难以适应工程实际要求。特别是发生工况转换和出现故障之后,数据模式会发生变化,不仅个体网络模型需要增量学习,模型融合方法与策略也需要做相应的调整,这也会增加一定的计算量,降低预测效率。

针对上述研究问题,研究者提出一种基于样本重构的多 PNN 组合模型,并结合数据分类方法[9],按照 LRE 不同的数据特征进行分段,建立不同的分段组合

PNN 模型。预测时,选择最优分段模型进行预测,这样不仅可以降低样本重构和网络训练难度,还可以有效地提高预测精度与效率。

6.4.1 数据分段预测方法

对于 LRE 来说,若采用发动机整个工作阶段的数据作为学习样本,不仅选用的网络规模庞大,网络参数优化难度也非常大。若采用分类、聚类、模糊化等方法对数据进行样本重构,同样不能避免较大的计算量和复杂的网络建模过程。另外,发动机的工况时序一旦发生变化,采用基于样本重构的多模型组合方法,必须重新训练网络并调整模型融合策略,如此很难适应工程实际需要。

考虑到发动机的工况时序虽然会发生变化,但是无论工况时序如何变化,对于启动后关机前无非是额定工况、高工况与低工况如何进行。对于同一台发动机,虽然试车批次不同,但是在同一种工况下,发动机各个故障预测参数的变化情况基本相同。据此,提出一种基于数据分段的 PNN 预测方法(segmental prediction PNN,SP - PNN),按照不同的工况将对数据进行分段,以相同工况的样本训练 PNN,然后根据实际情况选择相应的 PNN 模型进行预测。

备注 6.1:分段的主要目的是在缩减样本规模的同时,尽量保留数据特征与历史信息,降低分段 PNN 模型的构建与训练难度,增强分段 PNN 的泛化能力。根据不同的具体情况,分段方法主要有以下几种:

(1)采用分类或聚类方法进行分段,构建适应不同数据特性的分段 PNN 故障预测模型;

(2)根据数据之间的相似度(如数据均值之间的欧式距离)进行分段,当相似度超出一定阈值时进行数据分段;

(3)根据数据空间的特征向量的数量进行分段,当两段数据共有特征向量小于一定阈值时进行数据分段;

(4)根据数据长度进行分段。

对于具有多种特性的复杂非线性数据,可选择方法(1)进行分段;对于容易计算相似度的数据,可选择方法(2)来分段;对于采样间隔较大的数据,可使用方法(3)与方法(4)来分段。数据分段方法要依据数据本身的不同性质和特点来选择,以保证它们相互之间的差异性,并能够降低分段 PNN 模型的建模难度。

图 6.10 给出了 SP - PNN 的基本原理。首先,根据不同工况对时间序列进行分段,然后选取合适的 PNN 模型对其学习训练,并根据实际情况制订最优分段网络模型选择条件(select best predict PNN,SBPP)。使用时,根据在线输入数据,由 SBPP 筛选符合要求的 PNN_i 进行预测,$i \in (1, 2, 3)$。根据新增样本和相应的学习方法,对 PNN_i 参数进行更新。对于给定的 LRE 工作时序,通过上述方式即可完成 SP - PNN 对 LRE 参数的预测。

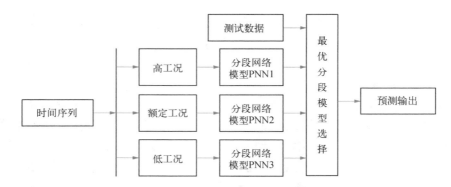

图 6.10　分段预测方法基本原理

如图 6.11 所示，SP－PNN 具体流程如下。

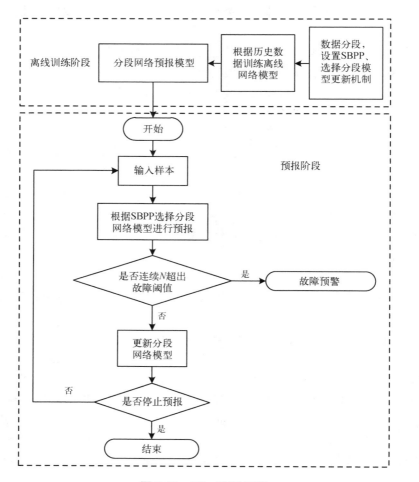

图 6.11　SP－PNN 流程

（1）离线训练阶段。根据 LRE 不同工作状态的数据特征,对数据样本分段,建立相应的网络模型 PNN_i,其中 $i \in (1, 2, 3)$。给出最优分段网络模型选择条件 SBPP,确定分段网络模型更新机制 Updating（PNN_i）。

（2）预测阶段。具体步骤如下。

步骤 1：输入数据,并进行预处理;

步骤 2：根据输入的待测样本与 SBPP,选择符合条件的 PNN_i 计算输出;若预测值连续 N 次超出故障阈值,则进行预警;

步骤 3：根据输入样本,对分段网络进行更新,即 Updating（PNN_i）;

步骤 4：数据更新,重复步骤 1~步骤 3。

SP–PNN 按照发动机不同工况的数据特征,对数据进行分段建模,在缩减样本数据长度的同时,最大限度地保留了数据的特征信息。通过选择最优 PNN 进行输出计算,既能保证计算结果的准确性,又能保证运算的便捷性。

6.4.2　输出调节系数更新方法

由 6.4.1 小节分段预测方法的步骤可知,有效的最优分段网络模型选择方法是实现准确预测的关键。对于 LRE 而言,每次发动机工作之前,各个工况的时序都是事先设置好的。因此,可以按照发动机的工况时序设置 SBPP,以保证在不同的工况下,启动相应的分段网络模型进行预测。

对于不知道时序特征的时间序列,应根据其数据分段方法,设置相应的最优分段模型选择条件。主要有以下几种方式。

（1）采用分类、聚类方法对样本数据分段时,记录各个分段样本的分类或聚类特征;当有待测样本输入时,根据样本邻域内的特征与分类或聚类特征的相近程度,进行分段模型选择。

（2）采用数据相似度分段方法进行分段的,需要根据待测样本与分段样本的相似程度选择分段模型。

（3）根据特征向量的数量进行分段的,可以选择与待测样本共有特征向量数最多的分段样本所对应的分段模型进行预测。

（4）根据模型的计算结果来选择子模型,以某一长度的数据输出误差最小作为下一步最优模型的选择条件。

总之,最优分段模型选择方法,应根据实际工程需要进行相应的设置与调整,在保证预测效率的同时保证较高的预测精度。

6.4.3　仿真验证及结果分析

以 4.3.3 小节中的训练与测试数据为例,对 SP–PNN 方法的适用性与预测性能进行考核验证。

采用 DPFPNN,建立故障预测参数在额定工况、高工况和低工况条件下的分段预测模型,分别记为 DPFPNN1、DPFPNN2 和 DPFPNN3,网络拓扑结构均取为 $1-10-1$,隐层激励函数取 Sigmoid 函数,取傅里叶正交基函数对输入函数和连接权函数进行展开,基函数个数取 8。以连续 10 个数据拟合为时变函数作为网络输入,相邻的第 11 个数据作为网络目标输出。将训练数据按额定工况、高工况和低工况进行划分,按照上述方法构建学习样本。计算时,以外推的方式对后 10 个数据进行计算输出。采用输出权值更新方法进行网络增量学习;采用全局更新策略,每输入 20 个数据更新 1 次网络输出权值。

表 6.7 给出了 SP – PNN 的预测结果并与 WU – PNN 方法进行了对比。从中可以看出,相对于 WU – PNN, SP – PNN 在 MARE、NRMSE 和极限预测时间三个指标上都有明显的改进。

表 6.7   基于分段的过程神经网络预测结果

参 数	方 法	MARE	NRMSE	极限预测时间	平均计算耗时
Test14 – 3 次试车 P_o 预测	SP – PNN	1.18%	0.527	2.0 s	0.063 s
	WU – PNN	2.57%	0.411	1.5 s	0.066 s
Test10 – 7 次试车 P_{il2} 预测	SP – PNN	1.81%	0.539	1.7 s	0.061 s
	WU – PNN	2.97%	0.482	1.4 s	0.064 s
Test13 – 2 次试车 P_{hog} 预测	SP – PNN	1.91%	0.474	1.6 s	0.063 s
	WU – PNN	2.88%	0.477	1.3 s	0.062 s
Test13 – 3 次试车 P_{ero} 预测	SP – PNN	2.12%	0.496	1.6 s	0.065 s
	WU – PNN	2.51%	0.436	1.3 s	0.064 s
Test13 – 4 次试车 P_{ipno} 预测	SP – PNN	2.06%	0.513	1.6 s	0.063 s
	WU – PNN	2.33%	0.499	1.4 s	0.066 s
Test14 – 2 次试车 P_{ed7} 预测	SP – PNN	2.32%	0.435	1.5 s	0.063 s
	WU – PNN	2.57%	0.451	1.4 s	0.062 s

与 EPCP – PNN 的预测结果相比(详见 5.4.3 小节),两者预测精度接近,但是 SP – PNN 具有更高的预测效率。这是因为 EPCP – PNN 比分段方法多计算了误差的预测值,增加了一定的计算量,而分段的方法通过最优分段网络模型选择,保证了预测输出的精度,同时没有增加多余的计算,因而具有较高预测效率。

SP – PNN 与 MP – PNN 在本质上均属于局部模型,相对于 MP – PNN 的并行预测方式,SP – PNN 属于串行预测方式,这种串行预测方式更好地契合了发动机各种工况交替进行的工作过程。对于新的工况调节时序,SP – PNN 仅需要对各个工况预测模型的使用时序进行调整,而不用重新训练预测模型,也不用更新预测策略。因此,SP - PNN 更适用于新工况调节时序数据样本较少而难以建模的情况。

6.5　本 章 小 结

　　针对全局 PNN 模型在实际应用中存在模型优化难度大与预测性能不稳定的问题,本章从数据样本构造的角度,研究了样本与 PNN 预测能力之间的联系,提出了 MP - PNN 与 SP - PNN 方法,得到以下结论。

　　(1)针对发动机稳态过程数据的时间多尺度特性,提出了一种基于多尺度分析的 MP - PNN 预测方法。该方法对 1 次正常数据和 5 次故障数据预测的 MARE 值最大为 2.91%,最小为 1.62%,最短极限预测时间为 1.4 s,最长平均预测耗时为 0.068 s。MP - PNN 通过多尺度采样,可以有效提取发动机稳态过程不同时间尺度上的数据特征,在一定程度上缩减了样本长度,降低了网络模型优化难度。MP - PNN 采用并行预测方式,选取最优模型作为预测输出,既提高了方法的预测效率,又保证了方法的预测精度。

　　(2)针对 LRE 稳态过程不同工况的实际特征,研究了一种基于数据分段的 SP - PNN 预测方法。该方法对 1 次正常数据和 5 次故障数据预测的 MARE 值最大为 2.32%,最小为 1.18%,最短极限预测时间为 1.5 s,最长平均预测耗时为 0.065 s。SP - PNN 使用分段方法对时间序列进行划分,并建立对应的 PNN 模型,计算时根据工况时序选择合适的 PNN 计算输出。由于分段策略很好地保留了发动机稳态过程数据的历史信息,并且减小了样本长度,因此 SP - PNN 可以降低模型的优化难度,在提高执行效率的同时保证了该方法的预测精度。

　　(3)SP - PNN 与 MP - PNN 都是在样本重构基础上建立的预测模型,并且都不同程度地对学习样本进行了缩减,在本质上都属于局部模型。MP - PNN 采用并行预测方式,而 SP - PNN 则采用串行预测方式;MP - PNN 适用于发动机工况调节次数较多、稳态工作阶段时间周期性明显的情况,而 SP - PNN 更适用于对新设定的工况调节时序(其缺少数据样本)过程进行预测。

参考文献

[1]　孙智源.基于过程神经网络集成的航空发动机性能衰退预测[D].哈尔滨:哈尔滨工业大学,2010.

[2]　Valiant L G. Theory of The learnable[J]. Communications of the ACM, 1984, 27(11): 1132 - 1142.

[3]　Liu Z G, Wang X R, Qian Q Q. A Review of Wavelet Networks and Their Applications[J]. Automation of Electric Power System, 2003, 27(6): 73 - 79.

[4]　吴云,李应红.基于相空间重构和神经网络的压气机机匣静压预测[J].航空动力学报,

2005, 20(2): 508－511.

[5]　徐学强. 多传感信息融合及其应用研究[D]. 南京: 南京邮电大学, 2013.

[6]　Nawroth A P, Peinke J. Multiscale Reconstruction of Time Series[J]. Physics Letters A, 2006, 6(360): 234－237.

[7]　王兆礼, 陈晓宏, 杨涛. 东江流域博罗站天然年径流量序列多时间尺度分析[J]. 中国农村水利水电, 2010(2): 21－24.

[8]　钟诗胜, 丁刚, 付旭云. 过程神经网络模型及其工程应用[M]. 北京: 国防工业出版社, 2014.

[9]　Krogh A, Vedelsby J. Neural Network Ensembles, Cross Validation and Active Learning[J]. Advances in Neural Information Processing Systems, 1995, 7(6): 231－238.

第7章
基于多方法集成的预测方法

7.1 引　　言

由第 5 章与第 6 章的分析可知,与传统 ANN 一样,PNN 在训练时采用统计误差最小化原则,不仅容易陷入局部最优,还容易造成学习效果不平衡,从而降低整体预测效果,这是 PNN 在理论方法上的局限性。不仅是 PNN 方法,其他各种预测方法在理论上与实际应用中都难免存在一定的局限性,单靠一种预测方法来解决 LRE 所有的预测问题是非常困难的。因此,可以考虑将多种方法集成,发挥各个方法优势,降低建模难度,提高预测性能。

为克服单一机器学习算法在现实工程中的局限性,Schapire 提出一种多算法集成应用,并从理论上证明了通过弱学习机集成可以达到强学习机的效果[1]。传统集成算法 Boosting 和 Bagging 的实际应用,也证明了弱学习机集成方法的有效性与实用性[2]。因此,可以考虑采用多种相对简单的方法构成一组弱学习机,通过集成应用来获得好的预测效果。从假设空间构成的角度来说,对于 LRE 系统,通过多种方法集成,可以有效地扩展假设空间,从而对系统输入与输出的映射关系进行更好的逼近[3]。从数据空间构成的角度来看,利用不同的方法对发动机数据不同的局域空间进行学习,那么整个数据空间的变化情况就可以通过这些方法的集成来进行描述[4],从而避免单一预测方法在进行全局建模时,由于局部学习效果差而造成的局部预测不准的问题。综上分析,在对发动机故障预测参数进行建模预测时,采用较为简单模型进行集成预测,可以获得较好的预测效果,从而简化故障预测参数预测方法的复杂度与预测模型的优化难度。

由第 6 章的结论可知,通过对数据进行分段建模,可以有效降低网络模型优化难度、提高模型预测能力。鉴于分段建模诸多优点,7.2 节对基于集成学习原理,研究多方法集成与分段建模方法进行分析,以进一步提高预测方法的实际应用效果。如何使不同的方法专注于不同的局域数据空间,并对相应的学习情况进行有效评估,以确立相应的权重分配方法,是实现多方法集成的关键。7.3 节从动态权重集成的角度对该问题进行分析与研究。

一些预测方法,虽然全局预测能力相对较弱,但是具有建模速度快,预测效率高等特点,例如 ELM。因此,可以考虑利用建模速度快的方法进行在线建模,并采用集成方法,弥补单一模型预测精度较差的缺点。那么,如何进行在线建模并进行预测结果的组合,便是在线建模预测的关键。7.4 节对该问题进行探讨。

7.2　PNN 样本构造

1992 年,Geman 针对机器学习算法性能评估问题,将机器算法的学习误差,分解为偏差与方差两个部分进行评述,进而实现了对算法整体性能的分析[1]。设学习机 h 的目标函数为 f, 则平方误差 $Er(h)$ 可以表示为

$$Er(h) = E[(h - f)^2] = (E[h] - f)^2 + E[(h - E[h])^2] \tag{7.1}$$

其中,$E[\cdot]$ 为数学期望。

设 $Bi(h) = (E[h] - f)$ 为算法误差的偏差,$Va(h) = E[(h - E[h])^2]$ 为算法误差的方差,则式(7.1)能够变化为

$$Er(h) = Bi(h)^2 + Va(h) \tag{7.2}$$

由式(7.2)可知,若要减小总的误差,就要减小偏差与方差。

设有一组确定的学习机 $H = \{h_1, h_2, \cdots, h_n\}$, 经过等权组合后的集成模型为 Hc。 根据式(7.2),可以将 Hc 的误差表示为偏差、方差和协方差之和[1],即

$$Er(Hc) = Bi(Hc)^2 + \frac{1}{n}Va(Hc) + \left(1 - \frac{1}{n}\right)Co(Hc) \tag{7.3}$$

其中,

$$Bi(HC) = \frac{1}{n}\sum_{i=1}^{n}(E[h_i - f]) \tag{7.4}$$

$$Va(Hc) = \frac{1}{n}\sum_{i=1}^{n}E(h_i - E[h_i])^2 \tag{7.5}$$

$$Co(Hc) = \frac{1}{n(n-1)}\sum_{i=1}^{n}\sum_{\substack{j=1 \\ j \neq i}}^{n}E(h_i - E[h_i])E(h_j - E[h_j]) \tag{7.6}$$

由式(7.3)可知,若要减小集成模型的误差,可以通过减小偏差、方差和协方差来实现。通过使用性能良好的算法,可以降低集成模型的偏差;通过加大各个算法的独立性,可以降低集成模型的协方差。因此,构建具有较好性能的集成模型,需要选用具有较好学习能力且相互之间差异较大的弱学习机。

　　由 6.4 节可知,将发动机数据按照额定工况、高工况与低工况进行划分,并建立相应的 PNN 预测模型,可以有效提高 PNN 的预测能力并降低建模难度。因此,可以在数据分段的基础上,采用多方法集成方式,建立各种工况的预测模型,以降低预测模型的建立和优化难度,并提升方法的泛化能力。

　　图 7.1 给出了基于数据分段的多方法集成预测原理框图。核心是以不同工况的数据建立集成预测模型,预测时根据工况时序,选择相应的模型进行预测。与 6.4 节分段方法不同的是,各种工况的预测模型为集成预测模型而不是单一的 PNN 模型。该方法的关键是建立多方法集成模型和构造预测结果合成方法。

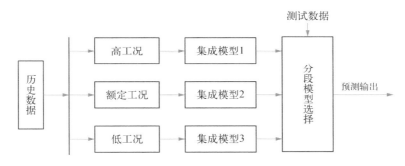

图 7.1　基于数据分段的集成预测原理框图

7.3　基于 AdaBoost.RT 框架的多方法集成预测

7.3.1　基于 AdaBoost.RT 框架集成算法

　　增加弱学习机之间差异性,可以采用不同方法建模来实现。例如,利用 ANN、PNN 和支持向量回归等不同的学习算法,建立不同的弱学习机。还可以采用不同的数据样本构造方式,建立差异较大的弱学习机。例如,基于 Boosting 与 Bagging 方法,通过抽样方法,构造不同的样本集,在此基础上优化各个弱学习机,如此各个机器算法之间必然会存在一定的差异。对于 Boosting 而言,在对样本进行抽取时,会降低分类正确样本被抽到的概率,从而使后续的学习机更专注于那些难以被分类的样本。由此可以看出,Boosting 方法通过抽取样本进行建模,实质上是一种局域建模方法。Freund 与 Schipare 于 1995 年提出的 AdaBoost 方法[2],更加突出了局域建模的思想。AdaBoost 方法通过对样本赋予不同的权值,将样本空间划分为一系列难以被学习的样本及其邻域样本空间构成的子样本空间,以此来训练不同的学习机。将上述弱学习机进行组合,即可获得能够刻画整个数据空间集成模型,其原理可见图 7.2。

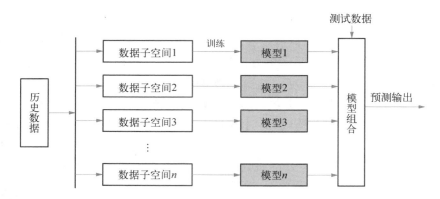

图 7.2　AdaBoost.Rt 集成学习基本原理

AdaBoost 方法在分类问题中取得了巨大成功。为了将其用于解决回归问题,许多研究人员对 AdaBoost 方法实施了改造。例如,先后发展的 AdaBoost.R、AdaBoost.R2 与 AdaBoost.Rt 等[5]。其中,AdaBoost.Rt 因具有简单直观与便于使用的优势,应用最为广泛,其算法具体流程如下。

步骤 1:输入设置。给定 n 个训练样本 $\{(x_i, y_i)\}_{i=1}^n$,其中 y_i 为输入 x_i 对应的目标输出;取一组弱学习机 $\{f_1(x), f_2(x), \cdots, f_M(x)\}$;给定分类阈值 φ 与迭代次数 T,若每次迭代只包括一个弱学习机,则取 $T = M$;

步骤 2:初始化算法。设置各个弱学习机初始参数;设置迭代次数 $t = 1$;设置样本初始权重 $D_t(i) = 1/n$, $i = 1, 2, \cdots, n$;初始化误差 $\varepsilon_t = 0$;

步骤 3:以权值 $D_t(i) = 1/n$ 为采样概率,抽取样本得到训练样本集;然后,采用弱学习机 $f_t(x)$ 对样本进行学习,并按式(7.7)计算对各个样本的相对误差,即

$$are_t(i) = \left| \frac{f_t(x_i) - y_i}{y_i} \right| \qquad (7.7)$$

步骤 4:计算误差 $\varepsilon_t = \sum D_t(i)$, $i: are_t(i) > \varphi$;

步骤 5:设置权值更新参数 $\beta_t = \varepsilon_t^n$,$n$ 可取 1,2 或者 3;对于 LRE 故障预测问题,n 一般取 2;

步骤 6:按式(7.8),对权值进行更新,即

$$D_{t+1}(i) = \frac{D_t(i)}{Z_t} \times \begin{cases} \beta_t, & \text{若 } are_t(i) \leq \varphi \\ 1, & \text{其他情况} \end{cases} \qquad (7.8)$$

其中,Z_t 是用来对权值进行归一化的因子,以保证权值不大于 1。

步骤 7:若 $t < T$,则令 $t = t + 1$ 转到步骤 3;否则转到步骤 8;

步骤 8:按式(7.9)输出,即

$$f(x) = \frac{\sum_t \lg\left(\dfrac{1}{\beta_t}\right) f_t(x)}{\sum_t \lg\left(\dfrac{1}{\beta_t}\right)} \tag{7.9}$$

7.3.2　样本重构

由 AdaBoost.Rt 算法的基本流程可知,采用相对误差作为弱学习机对样本学习情况的评价标准,并通过设置分类阈值 φ,将样本按照训练情况进行划分,使得弱学习机在下次迭代中更专注于难以被学习的样本。因而,AdaBoost.Rt 算法在实际使用中比较灵活与稳定。但是,要将其用于发动机故障预测参数的预测,还存在以下问题需要解决:① 有的故障预测参数单位较大而实际测量值较小,在绝对误差较小的情况下,也会产生很大的相对误差,可能导致算法过多抽取到具有较小值的样本,造成分类抽样失败,进而导致算法失效;② 分类阈值的选取对算法影响较大,过大或过小的阈值均会导致算法的不稳定甚至失效;在实际应用中往往要采用试探的方法来确定阈值的大小,这在一定程度上增加了算法复杂度;③ 由算法的输出结果来看,各个弱学习机的权重在训练完成时就已确定,对新样本预测时不会改变,属于一种静态权重组合方法。由于静态方法默认各个弱学习机在整个数据空间中的学习能力不变,在实际使用中会因各个弱学习机在数据局域空间性能的改变,导致整体预测性能的波动。

针对 AdaBoost.Rt 算法在实际应用中存在的问题,研究中提出一种基于动态权重组合的集成预测方法(multi-algorithms dynamic weights combining ensemble prediction method,MDWCE)。通过构造误差函数为弱学习机性能提供合理度量,以避免抽取样本过度集中;采用自适应分类阈值,降低集成方法复杂度并提高方法预测性能;采用滑动窗口方法,计算各弱学习机在数据局域空间的预测性能,动态地分配权重,克服静态权重方法因弱学习机在局域空间性能变化所引起的性能下降。

1. 误差函数

以样本训练误差为基础,可以合理反映弱学习机对样本的学习情况用于样本权值调整的函数。根据式(7.7),构造如式(7.10)所示的误差函数,即

$$l_t(i) = are_t'(i) + los_t(i) \tag{7.10}$$

其中,$l_t(i)$ 为第 t 次迭代机器算法对第 i 个样本的输出偏差;$are_t'(i)$ 为相对误差变换值;$los_t(i)$ 为误差相对值。

$are_t'(i)$ 与 $los_t(i)$ 可分别具体表达为

$$\begin{cases} are'_t(i) = \dfrac{1}{1 + e^{-are_t(i)}} \\[4mm] are_t(i) = \left| \dfrac{f_t(x_i) - y_i}{y_i} \right| \end{cases} \tag{7.11}$$

$$los_t(i) = \left| \dfrac{f_t(x_i) - y_i}{\max\limits_{i=1,2,\cdots,n} [f_t(x_i) - y_i]} \right| \tag{7.12}$$

由式(7.11)与式(7.12)可知,$are'_t(i) \in [0,1]$,$los_t(i) \in [0,1]$,且 $are'_t(i)$ 与相对误差正相关,$los_t(i)$ 与绝对误差大小正相关。易知,当弱学习机对某个样本学习的绝对误差较小而相对误差较大时,$l_t(i)$ 依然可以保证对该样本的误差具有合理的度量。

2. 自适应分类阈值

为保证分类阈值 φ 可以有效快速地对样本进行分类,根据样本训练的方根相对误差(root mean square relative error, RMSRE),对 φ 进行自适应调整。具体方法如下。

(1)初始阈值选择。根据相关的研究结果[5],当 φ 在接近 0.38 时,集成方法开始不稳定。因此,研究中选择 $\varphi = 0.19$ 作为自适应调整的初始值,以避免 φ 值过大或者过小带来的不利影响,并保证学习机可以对大部分样本进行学习。

(2)由于 AdaBoost.Rt 算法通过比较训练相对误差与分类阈值 φ 的大小进行样本的权值更新,所以分类阈值 φ 是一种能够反映样本分布情况的度量值,应该能够动态地进行调整。设第 t 次迭代时的 RMSRE 为 Er_t,则有

$$Er_t = \sqrt{\frac{1}{n} \sum_i^n \left[\frac{f_t(x_i) - y_i}{y_i} \right]^2} \tag{7.13}$$

根据 $Er_t(i)$ 的变化情况,按式(7.14)对 φ 进行调整,即

$$\varphi_{t+1} = \begin{cases} \varphi_t + \varphi_t \left(\dfrac{Er_t - Er_{t-1}}{Er_{t-1}} \right)^2, & (Er_t - Er_{t-1}) > \delta \\[4mm] \varphi_t, & |Er_t - Er_{t-1}| \leqslant \delta \\[4mm] \varphi_t - \varphi_t \left(\dfrac{Er_t - Er_{t-1}}{Er_{t-1}} \right)^2, & (Er_t - Er_{t-1}) < -\delta \end{cases} \tag{7.14}$$

其中,δ 为控制参数且有 $\delta \in [0,1]$。

分类阈值 φ 不但要符合数学规律,还要能反映样本的分布情况,以保证方法的可靠性。根据相关研究结论[6],分类阈值应避免取极端值,并且其取值范围应限制在最大与最小相对误差之间。因此,当分类阈值 φ 超出上述范围时,可取相对误差的均值作为分类阈值 φ,即

$$\varphi_{t+1} = \frac{1}{n} \sum_{i=1}^{n} are_t(i), \ \varphi_{t+1} \leqslant \min_{i=1,2,\cdots,n} \left[are_t(i) \right] \ \text{或} \ \varphi_{t+1} \geqslant \max_{i=1,2,\cdots,n} \left[are_t(i) \right]$$

$$(7.15)$$

3. 滑动窗口

AdaBoost. Rt 采用静态权值对各弱学习机进行组合,忽略了样本变化带来的弱学习机性能的改变,因此可能会产生局部预测不准的问题。部分研究结果表明[7,8],机器算法对待测数据的预测偏差与其在邻域数据上的预测偏差是很接近的。所以可以在输入样本的附近选取一定长度的数据来评估算法性能,进而确定组合权重。为此,采用滑动窗口,选取一定长度的历史数据,对弱学习机预测效果进行评价。

(1) 训练阶段。对于给定的第 i 个样本,弱学习机在滑动窗口长度为 P 的局域样本空间的平均误差为

$$avl_t(i) = \frac{1}{P} \sum_{k=i-p}^{i-1} l_t(k) D_t'(k) \tag{7.16}$$

其中, $l_t(k)$ 为应用式(7.10)计算的样本误差; $D_t'(k)$ 为滑动窗口内样本标准化权值,即

$$D_t'(k) = \frac{D_t(k)}{\dfrac{1}{P} \sum_{k=i-p}^{i-1} D_t(k)} \tag{7.17}$$

(2)预测阶段。对于给定的多个方法 $\{f_m(x)\}_{m=1}^{M}$,新输入的待测样本为 x_{new},某个方法 $f_m(x)$ 的组合权重由该方法在 x_{new} 的领域样本上的表现来决定。为简便起见,预测时的滑动窗口长度与训练时一致。按照式(7.16),计算误差 $avl_m(x_{\text{new}})$,此时 $f_m(x)$ 的组合权重为

$$w_m = \frac{avl_m(x_{\text{new}})}{\displaystyle\sum_{k=1}^{M} avl_k(x_{\text{new}})} \tag{7.18}$$

由式(7.18)可知,弱学习机的权重由其在局域数据空间的预测性能决定,且随着弱学习机的表现而动态变化。

备注 7.1:滑动窗口的长度对确定弱学习机局域预测能力十分重要,也是确定组合权重的关键。滑动窗口的长度是用来确定样本邻域范围的参数,可以使用最小邻近算法(K - Nearest Neighbor, K - NN)对滑动窗口的长度进行有效估计。设空间两点 P 与 Q 的坐标分别为 $(p_1, \cdots, p_i, \cdots, p_n)$ 与 $(q_1, \cdots, q_i, \cdots, q_n)$,则 P 与 Q 两点间距离的几种度量方式分别如下。

欧几里得距离为

$$d_e = \sqrt{\sum_{i=1}^{n} (p_i - q_i)^2} \tag{7.19}$$

闵可夫斯基距离为

$$d_m = \sqrt[K]{\sum_{i=1}^{n} |p_i - q_i|^K} \tag{7.20}$$

切比雪夫距离为

$$d_c = \max_{i=1,2,\cdots,n} |p_i - q_i| \tag{7.21}$$

上述三种距离均用来确定邻域样本数量。

采用构造函数、自适应分类阈值与滑动窗口的方式，对 AdaBoost. Rt 算法进行改进。如图 7.3 所示，其具体步骤如下。

步骤 1：输入设置。给定 n 个训练样本 $\{(x_i, y_i)\}_{i=1}^{n}$，其中，y_i 为输入 x_i 对应的目标输出；取一组不同的方法 $\{f_m(x)\}_{m=1}^{M}$；给定分类阈值 $\varphi = 0.19$ 与迭代上限 T，滑动窗口长度 P；

步骤 2：初始化算法。设置各个弱学习机初始参数；设置迭代次数 $t = 1$；设置样本初始权重 $D_t(i) = 1/n$，$i = 1, 2, \cdots, n$；误差初始化 $\varepsilon_t = 0$；

步骤 3：以权值 $D_t(i) = 1/n$ 为抽样率，抽取数据，采用 $\{f_m(x)\}_{m=1}^{M}$ 学习数据，并统计学习偏差，取预测效果最好的 $f_t(x)$ 当作当前迭代的方法。按照式(7.10)，计算 $f_t(x)$ 对第 i 个样本的误差 $l_t(i)$。对于第 i 个样本按照式(7.16)，计算滑动窗口内邻域样本的局域误差。

步骤 4：计算误差 $\varepsilon_t = \sum D_t(i)$，$i$：$avl_t(i) > \varphi$；

步骤 5：设置权值更新参数 $\beta_t = \varepsilon_t^n$，$n$ 可取 1,2 或者 3,本书取 2；

步骤 6：按式(7.22)，对权值进行更新，即

$$D_{t+1}(i) = \frac{D_t(i)}{Z_t} \times \begin{cases} \beta_t, & \text{若 } avl_t(i) \leqslant \varphi \\ 1, & \text{其他情况} \end{cases} \tag{7.22}$$

其中，Z_t 是标准化权值的因子，保证 $D_{t+1}(i)$ 不大于 1。

步骤 7：按照式(7.14)与式(7.15)，对分类阈值 φ 进行更新；

步骤 8：若 $t < T$，则令 $t = t + 1$ 转到步骤 3；否则转到步骤 9；

步骤 9：输出。对于新的待测样本 x_{new}，按照式(7.18)，计算其组合权重，并根据式(7.23)计算最终输出结果，即

$$f(x_{\text{new}}) = \sum_{t=1}^{T} w_t f_t(x_{\text{new}}) \tag{7.23}$$

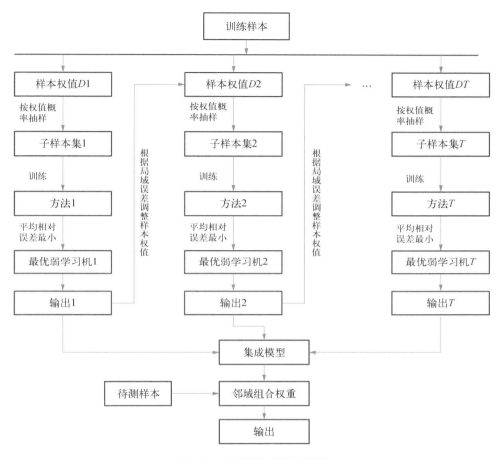

图 7.3　MDWCE 流程示意图

在对子样本集学习时,采用同一种方法建立多个参数不同的弱学习机,然后选择一个最优弱学习机,作为该方法对这个子样本集的最优学习模型。如此,既避免了建立最佳预测模型的烦琐过程,又可以保证弱学习机具有相对好的预测性能。

7.3.3　基于增量学习的 SVR 预测方法

支持向量回归算法(support vector regression, SVR)以结构风险最小化原则为学习基础,将回归问题转化为凸二次规划问题,避免了算法陷入局部最优,降低了计算复杂度与模型优化难度,具有建模迅速、不存在局部最优与泛化能力较强等优点。采用 SVR 作为弱学习机,可以有效提高集成方法的预测性能。有必要对基于增量学习的 SVR 预测方法进行推导。

给定一组训练样本 $\{(x_i, y_i)\}_{i=1}^n$, y_i 为输入 x_i 对应的目标输出,则预测函数为

$$f(x) = w^{\mathrm{T}}\phi(x) + b \tag{7.24}$$

其中,w 为回归函数 $f(x)$ 的系数;b 为 $f(x)$ 的常数项;$\phi(\cdot)$ 用于将输入样本从低维空间映射到高维空间。

W 与 b 可以通过二次优化问题进行求解,即

$$\min \frac{1}{2}\|w\|^2 + C\sum_{i=1}^{n}(\xi_i + \xi_i^*)$$

$$s.t\begin{cases} y_i - \langle w, \phi(x_i)\rangle - b \leqslant \varepsilon + \xi_i \\ \langle w, \phi(x_i)\rangle + b - y_i \leqslant \varepsilon + \xi_i^* \\ \xi_i \geqslant 0 \\ \xi_i^* \geqslant 0 \end{cases}, i = 1, 2, \cdots, n \tag{7.25}$$

其中,ξ_i 与 ξ_i^* 为松弛因子;C 为惩罚系数;ε 为不敏感损失函数;$\langle *, * \rangle$ 为内积运算符号。将上述问题转化为 Lagrange 优化问题,即

$$\min \frac{1}{2}\sum_{i=1,j=1}^{n}(\alpha_i - \alpha_i^*)(\alpha_j - \alpha_j^*)\langle \phi(x_i)\phi(x_j)\rangle + \varepsilon\sum_{i=1}^{n}(\alpha_i^* + \alpha_i) - \sum_{i=1}^{n}y_i(\alpha_i - \alpha_i^*)$$

$$s.t\begin{cases} \sum_{i=1}^{n}(\alpha_i - \alpha_i^*) = 0 \\ \alpha_i^* \geqslant 0, i = 1, 2, \cdots, n \end{cases}$$

$$\tag{7.26}$$

定义核函数为 $K(x_i, x_j) = \phi(x_i)^{\mathrm{T}}\phi(x_j)$,则预测函数可以表示为

$$f(x) = \sum_{i=1}^{l}(\alpha_i^* - \alpha_i)K(x_i, x) + b \tag{7.27}$$

根据 KKT(Karush - Kuhn - Tucker)定理,可以得到

$$\begin{cases} h(x_i) \geqslant \varepsilon, \theta_i = -C \\ h(x_i) = \varepsilon, -C < \theta_i = 0 \\ -\varepsilon \leqslant h(x_i) \leqslant \varepsilon, \theta_i = 0 \\ h(x_i) = \varepsilon, 0 < \theta_i = C \\ h(x_i) \geqslant -\varepsilon, \theta_i = C \end{cases} \tag{7.28}$$

其中,$h(x_i) \equiv f(x_i) - y_i = \sum_{j=1}^{n}K(x_i, x_j)\theta_j - y_i + b$;$\theta_i = \alpha_i - \alpha_i^*$。

根据误差 $f(x_i) - y_i$ 的情况,训练样本集可以分为错误支持向量集 **E**、支持向

量集 $\mathbf{S}$ 和保留样本集 $\mathbf{R}$，即

$$\begin{aligned}
\mathbf{E} &= \{i, \ | \ \theta_i \ | = C\} \\
\mathbf{S} &= \{i, \ 0 < | \ \theta_i \ | < C\} \\
\mathbf{R} &= \{i, \ | \ \theta_i \ | = 0\}
\end{aligned} \tag{7.29}$$

新加入一个样本 x_c，此时需要对式（7.29）中各个集合与参数进行更新。对 $h(x_i)$ 求全微分，有

$$\Delta h(x_i) = K(x_i, \ x_c) \Delta \theta_c + \sum_{i, j = 1}^{n} K(x_i, \ x_j) \Delta \theta_j + \Delta b \tag{7.30}$$

且有

$$\theta_c + \sum_{i=1}^{n} \theta_i = 0 \tag{7.31}$$

根据式（7.27）~式（7.31），对于集合 $\mathbf{S}$ 中的样本，有

$$\begin{aligned}
\sum_{j \in \mathbf{S}} K(x_i, \ x_j) \Delta \theta_j + \Delta b &= K(x_i, \ x_c) \Delta \theta_c \\
\sum_{j \in \mathbf{S}} \Delta \theta_j &= - \Delta \theta_c \\
i &\in \mathbf{S}
\end{aligned} \tag{7.32}$$

对于集合 $\mathbf{S} = \{s_1, \ s_2, \ \cdots, \ s_l\}$，由式（7.30），有

$$\begin{bmatrix} \Delta b \\ \Delta \theta_{s_1} \\ \vdots \\ \Delta \theta_{s_l} \end{bmatrix} = - \begin{bmatrix} 0 & 1 & \cdots & 1 \\ 1 & K(x_{s_1}, \ x_{s_1}) & \cdots & K(x_{s_1}, \ x_{s_l}) \\ \vdots & \vdots & \ddots & \vdots \\ 1 & K(x_{s_l}, \ x_{s_1}) & \cdots & K(x_{s_l}, \ x_{s_l}) \end{bmatrix}^{-1} \begin{bmatrix} 1 \\ K(x_{s_1}, \ x_c) \\ \vdots \\ K(x_{s_l}, \ x_c) \end{bmatrix} \Delta \theta_c \tag{7.33}$$

$$= \beta \Delta \theta_c$$

设 $\mathbf{N} = \mathbf{E} \cup \mathbf{R} = \{n_1, \ n_2, \ \cdots, \ n_g\}$，根据式（7.28）、式（7.30）和式（7.31），有

$$\begin{bmatrix} \Delta h(x_{n_1}) \\ \Delta h(x_{n_2}) \\ \vdots \\ \Delta h(x_{n_g}) \end{bmatrix} = \left\{ \begin{bmatrix} K(x_{n_1}, \ x_c) \\ K(x_{n_2}, \ x_c) \\ \vdots \\ K(x_{n_g}, \ x_c) \end{bmatrix} + \begin{bmatrix} 1 & K(x_{n_1}, \ x_{s_1}) & \cdots & K(x_{n_1}, \ x_{s_l}) \\ 1 & K(x_{n_2}, \ x_{s_1}) & \cdots & K(x_{n_2}, \ x_{s_l}) \\ \vdots & \vdots & \ddots & \vdots \\ 1 & K(x_{n_g}, \ x_c) & \cdots & K(x_{n_g}, \ x_{s_l}) \end{bmatrix} \beta \right\} \Delta \theta_c$$

$$= \alpha \Delta \theta_c$$

$$\tag{7.34}$$

通过式(7.27)~式(7.34),即可实现算法的增量学习。核函数的映射性能对实现 SVR 算法有重要影响,需要根据数据情况进行选择。常用的核函数主要有以下几种:

(1) 线性核函数,$K(x, x_i) = (x \cdot x_i')$;

(2) 多项式核函数,$K(x, x_i) = [(x \cdot x_i) + 1]^q$;

(3) 径向基核函数,$K(x, x_i) = \exp\left[-\dfrac{\| x - x_i \|^2}{\sigma^2}\right]$;

(4) Sigmiod 核函数,$K(x, x_i) = \tanh[v(x \cdot x_i) + e]$。

径向基函数与 Sigmiod 核函数属于局部核函数,线性与多项式核函数属于全局核函数,可以根据实际情况选择使用。

7.3.4　仿真验证及结果分析

使用 4.3.3 小节中的训练与测试数据,对 MDWCE 的适用性与预测性能进行考核验证。将训练数据按额定工况、高工况和低工况进行划分,以 DPFDPNN、ELM 和 SVR 三种方法建立弱学习机,具体设置情况如表 7.1 和表 7.2 所示。DPFDPNN 误差精度取 0.001,以前 9 个数据作为网络输入,相邻第 10 个数据作为目标输出。SVR 以前 9 个数据作为输入,相邻的第 10 个数据作为目标输出。

表 7.1　MDWCE 与 WU - PNN 预测结果对比

参　　数	方　法	MARE	NRMSE	极限预测时间	平均计算耗时
Test14 - 3 次试车 P_o 预测	MDWCE	1.86%	0.383	1.8 s	0.064 s
	WU - PNN	2.57%	0.411	1.5 s	0.066 s
Test10 - 7 次试车 P_{il2} 预测	MDWCE	2.01%	0.402	1.6 s	0.063 s
	WU - PNN	2.97%	0.482	1.4 s	0.064 s
Test13 - 2 次试车 P_{hog} 预测	MDWCE	1.97%	0.399	1.6 s	0.065 s
	WU - PNN	2.88%	0.477	1.3 s	0.062 s
Test13 - 3 次试车 P_{ero} 预测	MDWCE	2.05%	0.408	1.7 s	0.065 s
	WU - PNN	2.51%	0.436	1.3 s	0.064 s
Test13 - 4 次试车 P_{ipno} 预测	MDWCE	2.24%	0.467	1.7 s	0.063 s
	WU - PNN	2.33%	0.499	1.4 s	0.066 s
Test14 - 2 次试车 P_{ed7} 预测	MDWCE	1.88%	0.385	1.6 s	0.065 s
	WU - PNN	2.57%	0.451	1.4 s	0.062 s

表 7.2　粗大误差处理前后对比

模　型	个　数	隐层神经元个数	激励函数	训练方法
DPFDPNN	5	$[10,12,15,20,30]$	Sigmoid 函数	LM
ELM	5	$[10,12,15,20,30]$	Sigmoid 函数	ELM

采用 7.3.2 小节所述方法,对上述弱学习机进行训练,滑动窗口长度取 10。训练后,最终确定各工况的弱学习机组合分别为:① 额定工况,隐层神经元个数为 12 的 DPFDPNN,隐层神经元个数为 15 的 ELM 模型以及径向基核函数的 SVR 模型;② 高工况,隐层神经元个数为 12 的 DPFDPNN,隐层神经元个数为 15 的 ELM 模型以及多项式核函数的 SVR 模型;③ 低工况,隐层神经元个数为 10 的 DPFDPNN,隐层神经元个数为 12 的 ELM 模型以及多项式核函数的 SVR 模型。

对不同工况进行预测时,均采用外推方式对连续后 10 个数据进行预测。对 DPFDPNN 和 ELM 使用全局更新策略的增量学习方法,每输入 18 个数据更新 1 次网络输出权值,具体方法见 4.3 节。对于 SVR 算法,采用 7.3.3 节的方法进行增量学习;为减少计算量,并与 DPFDPNN 和 ELM 预测模型的增量学习方法同步,每输入 18 个数据进行 1 次参数更新。

图 7.4 和图 7.5 分别给出了对 Test10-7 次试车氢冷排气蚀管出口压力和 Test13-4 次试车氧涡轮泵扬程 MDWCE 的预测结果,其他如表 7.3 所示。从中可以看出,对氢冷排气蚀管出口压力,MDWCE 方法在故障开始阶段预测值与实际值有些偏差,但是经过增量学习后,MDWCE 方法很快提高了预测精度,并较为准确地对故障发展变化趋势进行了预测。

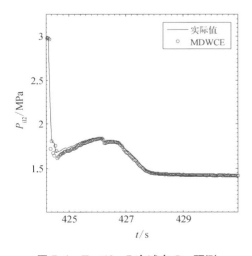

图 7.4　Test10-7 次试车 P_{il2} 预测

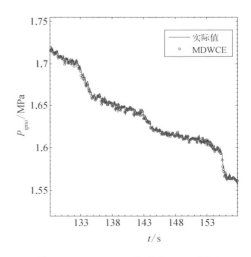

图 7.5　Test13-4 次试车 P_{ipno} 预测

表7.3给出了MDWCE方法与WU–PNN方法预测结果的对比。可以看出，对于各组试验数据，MDWCE方法预测精度均要高于WU–PNN方法，且预测耗时相差无几。由于MDWCE方法采用局域动态权重组合方式，对各方法的预测结果进行了合成，避免了组合PNN中对误差的预测，在一定程度上降低了集成算法难度。由表7.3还可以看出，MDWCE方法有效地利用了各弱学习机的局域优势，以较为简单的方式确定了各方法的预测模型，获得了较好的预测效果。MDWCE方法并没有追求各个方法的最优预测模型，因此极大地降低了建模与优化难度，增加了实际可操作性，其更适用于LRE变工况情况下的故障预测。

表7.3　粗大误差处理前后对比

模　型	维　数	核　函　数	ε	C
SVR	9	多项式核函数，其中 q 取 2	0.1	1
SVR	9	径向基核函数，其中 σ 取 1	0.1	1

7.4　基于在线建模的集成预测方法

7.4.1　在线建模方法分析

PNN与ANN等基于数据驱动的预测方法，建立预测模型时往往需要一定的历史数据，而在工程实际中有可能遇到历史数据匮乏的情况，甚至没有足够的样本进行建模。因此，研究在线建模预测方法对LRE故障预测来说，具有重要的理论与工程意义。由第三、四章的研究可知，ELM、DPFDPNN在网络规模较小时，建模速度较快且增量学习算法耗时也相对较少。另外，SVR方法也具有建模迅速快、计算效率高的优势。因此，可以考虑采用ELM、DPFDPNN和SVR进行在线建模预测。

参考ELM训练算法，对DPFDPNN的网络结构进行改造，以进一步提高建模与预测速度。取三层网络结构，建立离散过程神经网络模型（discrete input process neural network，DPNN），如图7.6所示。

DPNN的隐层为过程神经元，由第4章相关内容有

$$
\begin{aligned}
y &= \sum_{j=1}^{m} v_j f\Big(\sum_{i=1}^{n} K[x_i(L), \omega_{ji}] - \theta_j \Big) \\
&= \sum_{j=1}^{m} v_j f\Big(\sum_{i=1}^{n} \sum_{l=1}^{L} x_i(l) \omega_{ji}^{L-l+1} - \theta_j \Big)
\end{aligned}
\tag{7.35}
$$

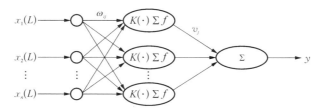

图 7.6　离散过程神经网络结构

其中，m 为隐层单元个数；ω_{ji} 为输入层第 i 个输入单元与隐层第 j 个单元之间的连接权值；v_j 为隐层第 j 个单元与输出层的权值；θ_j 为隐层第 j 个单元的激励阈值。

对于更新 S_1 个样本 $\{x_{1s_1}(L),\ x_{2s_1}(L),\ \cdots,\ x_{ns_1}(L);\ d_{s_1}\}_{s_1=1}^{S_1}$，根据式（7.35），当网络输出误差为零时，有

$$d_{s_1} = \sum_{j=1}^{m} v_j f\Big(\sum_{i=1}^{n} \sum_{l=1}^{L} x_{is_1}(l)\omega_{ij}^{L-l+1} - \theta_j \Big),\ s_1 = 1,\ 2,\ \cdots,\ S_1 \qquad (7.36)$$

将式（7.36）写成方程组，有

$$\boldsymbol{T}_0 = \boldsymbol{H}_0 \cdot \boldsymbol{\beta}_0 \qquad (7.37)$$

其中，

$$\boldsymbol{H}_0(\omega,\ x,\ \theta_1,\ \theta_2) = \begin{bmatrix} f\Big(\sum\limits_{i=1}^{n} \sum\limits_{l=1}^{L} x_{i1}(l)\omega_{i1}^{L-l+1} - \theta_1 \Big) & \cdots & f\Big(\sum\limits_{i=1}^{n} \sum\limits_{l=1}^{L} x_{i1}(l)\omega_{im}^{L-l+1} - \theta_m \Big) \\ \vdots & \ddots & \vdots \\ f\Big(\sum\limits_{i=1}^{n} \sum\limits_{l=1}^{L} x_{is_1}(l)\omega_{i1}^{L-l+1} - \theta_1 \Big) & \cdots & f\Big(\sum\limits_{i=1}^{n} \sum\limits_{l=1}^{L} x_{is_1}(l)\omega_{im}^{L-l+1} - \theta_m \Big) \end{bmatrix}_{S_1 \times m}$$

$$(7.38)$$

$$\boldsymbol{\beta}_0 = [v_1,\ v_2,\ \cdots,\ v_m]^{\mathrm{T}} \qquad (7.39)$$

$$\boldsymbol{T}_0 = \begin{bmatrix} d_1 \\ d_2 \\ \vdots \\ d_{S_1} \end{bmatrix} \qquad (7.40)$$

至此，可根据 4.3 节中 ELM 训练与增量学习方法，对 DPNN 进行在线建模与增量学习。

为考察 ELM、DPNN 和 SVR 方法在线建模性能,以 Test14－3 次试车稳态阶段 3~103 s 氧涡轮泵扬程数据为例进行仿真分析。取 ELM 和 DPNN 的结构取 1－10－1,参数随机赋值,隐层到输出层权值按式(7.36)和式(7.37)计算。以连续 9 个数据作为网络输入,相邻第 10 个数据作为目标输出构建样本。SVR 方法中嵌入维数取 9,取径向基核函数,σ 取为 1,且 $\varepsilon = 0.1$,$C = 1$。

图 7.7 给出了在线样本规模与建模时间的关系。能够看出,由于在线样本数量增大,ELM、DPNN 和 SVR 等建模时间均有大幅度增长。因此,若初始样本集数量过大,建模将会消耗大量时间,降低在线预测效率。

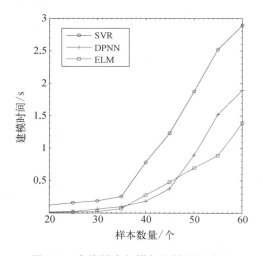

图7.7 在线样本规模与建模时间关系

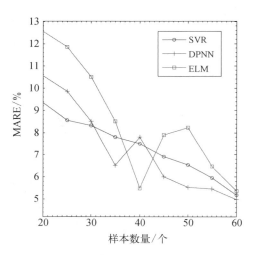

图7.8 在线样本规模与预测误差关系

为考察 ELM、DPNN 和 SVR 在线建模的泛化能力与在线样本规模的关系,在不同的样本数量条件下,每种方法向后预测 100 步,取平均预测相对误差作为衡量标准,三种方法的试验结果如图 7.8 所示。随着在线样本规模的增加,方法的性能有所提高。另外,在线样本只能反映局域数据特性,由在线样本建立的预测模型,难以对数据变化趋势进行有效预测,进行长期预测时会产生较大误差。因此,需要采用集成方法来增强预测模型的泛化性能。

7.4.2 在线集成预测方法

在线样本规模对建模时间与预测性能有重要影响,而单一在线预测方法预测精度相对较低,往往难以满足工程实际需要。为此,研究中提出一种在线集成故障预测方法(online multi-algorithms ensemble prediction method,Online－MEP)。该方法采用多方法集成预测,以克服局部样本不足所造成的预测方法泛化能力下降问题。

如图 7.9 所示,Online – MEP 首先根据在线样本进行建模,对于待测样本根据式(7.18)与式(7.23),计算合成权重,并对各方法的预测结果进行组合输出,最后对各方法进行增量学习,如此往复,直至实现在线预测。

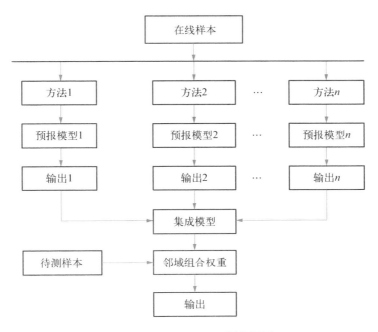

图 7.9　Online – MEP 原理框图

Online – MEP 具体步骤如下:

步骤 1:输入设置。给定一组方法,由在线样本 $\{(x_i, y_i)\}_{i=1}^n$,建立模型 $\{f_m(x)\}_{m=1}^M$;

步骤 2:故障阈值确定。对于在线样本 $\{(x_i, y_i)\}_{i=1}^n$,根据 4.22 小节的故障阈值更新策略,按照式(4.3)~式(4.5)计算故障阈值;

步骤 3:故障阈值更新。根据工况时序,当发生工况变换时,按步骤 2 重新确定故障阈值;

步骤 4:预测。对于新的待测样本 x_{new},按照式(7.18),计算其组合权重;根据式(7.23)计算最终输出结果,并判断是否会发生故障;若是,则进行故障预警;若否,则转步骤 5;

步骤 5:采用增量学习方法更新各个模型;

步骤 6:重复步骤 2~步骤 5,直至实现在线故障预测。

图 7.10 给出了实现 Online – MEP 的具体流程。

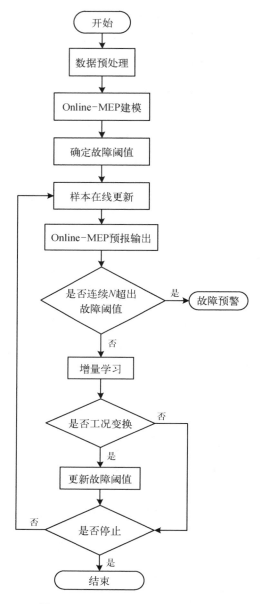

图 7.10　Online‐MEP 预测流程图

7.4.3　仿真验证及结果分析

使用 4.3.3 节中的训练与测试数据,对 MDWCE 的适用性与预测性能进行考核验证。以 DPNN、ELM 和 SVR 三种方法建立集成模型,具体参数情况参见表 7.4和表 7.5。DPNN、ELM 和 SVR 以前 9 个数据作为模型输入,相邻第 10 个数据作为目标输出,构建学习样本。滑动窗口长度取 10,按照式(7.18)计算组合权重,根据式(7.23)计算最终输出结果,初始训练样本取 50 个。

表 7.4　DPNN 与 ELM 网络结构与参数设置

模　　型	结　　构	隐层单元个数	激　励　函　数
DPNN	1－10－1	10	Sigmoid 函数
ELM	1－10－1	10	Sigmoid 函数

表 7.5　SVR 参数设置

模　型	嵌入维数	核　函　数	ε	C
SVR	9	径向基核函数,σ 取 1	0.1	1

预测时,均采用外推方式,对连续后 10 个数据进行预测;对 DPNN 和 ELM 使用全局更新策略的增量学习方法,每输入 18 个数据更新 1 次网络输出权值,具体方法见 3.3 节。对于 SVR 算法,采用 6.3.3 小节的方法进行增量学习;为减少计算量并与 DPNN 和 ELM 预测模型同步,每输入 18 个数据中进行 1 次参数更新,选择其中第 9~18 个数据作为更新样本。

图 7.11 和图 7.12 分别给出了对 Test10－7 次试车中氢冷排气蚀管出口压力与 Test13－4 次试车氧增压气蚀管出口压力,使用 Online－MEP 方法进行预测的结果。可以看出,其对于 Test13－4 次试车氧增压气蚀管出口压力能够进行有效预

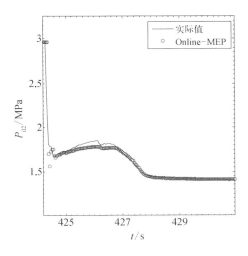

图 7.11　Test10－7 次试车 P_{il2} 预测

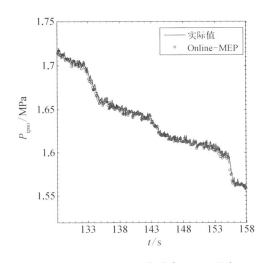

图 7.12　Test13－4 次试车 P_{ipno} 预测

测,预测中的 MARE 值为 2.78%,平均预测耗时为 0.065 s。对于 Test10 – 7 次试车中氢冷排气蚀管出口压力,该方法在故障开始阶段预测值与实际值相差较大,但是经过增量学习与集成预测后,其较为准确地预测了故障发展变化趋势,整个预测过程的 MARE 为 2.15%,平均预测耗时为 0.064 s。

表7.6 给出了 Online – MEP 方法与 WU – PNN 方法预测结果的对比。可以看出,Online – MEP 的预测精度高于 WU – PNN,且预测平均耗时相近。Online – MEP 对于 Test10 – 7 次试车中氢冷排气蚀管出口压力预测的 MARE 值偏大,主要原因是 Online – MEP 方法采用了在线建模方式,仅利用了局域数据特性;当故障预测参数在极短的时间发生较大变化时,Online – MEP 的反应不够及时,导致预测的 MARE 值相对较大。

表 7.6　Online – MEP 与 WU – PNN 预测结果对比

参　数	方　法	MARE	NRMSE	极限预测时间	平均计算耗时
Test14 – 3 次试车 P_o 预测	Online – MEP	2.06%	0.493	1.8 s	0.065 s
	WU – PNN	2.57%	0.411	1.5 s	0.066 s
Test10 – 7 次试车 P_{il2} 预测	Online – MEP	2.78%	0.402	1.6 s	0.065 s
	WU – PNN	2.97%	0.482	1.4 s	0.064 s
Test13 – 2 次试车 P_{hog} 预测	Online – MEP	2.07%	0.369	1.5 s	0.065 s
	WU – PNN	2.88%	0.477	1.3 s	0.062 s
Test13 – 3 次试车 P_{ero} 预测	Online – MEP	2.17%	0.429	1.6 s	0.065 s
	WU – PNN	2.51%	0.436	1.3 s	0.064 s
Test13 – 4 次试车 P_{ipno} 预测	Online – MEP	2.15%	0.377	1.6 s	0.064 s
	WU – PNN	2.33%	0.499	1.4 s	0.066 s
Test14 – 2 次试车 P_{ed7} 预测	Online – MEP	2.24%	0.512	1.5 s	0.063 s
	WU – PNN	2.57%	0.451	1.4 s	0.062 s

Online – MEP 方法通过多方法集成在线建模的方式,在一定程度上解决了单一在线预测模型预测精度较低的问题,能够用于发动机在线故障预测,特别适用于因缺乏样本无法建立发动机故障预测模型的情况。需要注意的是,Online – MEP 需要一定数量的在线数据进行建模。因此,在开始的一段时间里无法进行预测,此时可采用4.2节中的故障阈值自适应更新方法对测量数据进行故障检测,直到在线预测模型优化完成后再进行预测。

7.5　本 章 小 结

单一方法在理论与现实工程中会存在一定的局限性,单一方法建模时也存在优化难的问题。为此,本章从多方法集成预测的角度,组合不同预测方法优势,以提高预测性能并降低单一方法建模与优化难度,分别提出了一种基于动态权重组合的集成预测 MDWCE 方法与一种在线集成预测 Online - MEP 方法。得到以下结论。

(1)针对多方法集成预测问题,提出了集成预测方法 MDWCE。该方法对 1 次正常数据和 5 次故障数据预测的 MARE 值最大为 2.24%,最小为 1.86%,最短极限预测时间为 1.6 s,最长平均预测耗时为 0.065 s。考核验证结果显示,MDWCE 能够在很大程度上提升预测的准确度和适应性。另外,由于 MDWCE 并没有追求各预测方法的最优预测模型,极大地降低了模型优化难度,简化了建模过程,增强了实际可用性。

(2)针对发动机在线预测问题,提出了在线建模的集成方法 Online - MEP。该方法对 1 次正常数据和 5 次故障数据预测的 MARE 值最大为 2.78%,最小为 2.06%,最短极限预测时间为 1.5 s,最长平均预测耗时为 0.065 s。考核验证结果表明,Online - MEP 采用多方法集成的预测方式,预测效率并没有因此降低,而建模速度和预测精度均有所提高,其可以用于解决发动机在线故障预测问题。

(3)MDWCE 与 Online - MEP 是反映局域数据特性的预测模型,都是根据不同预测方法的局域性能分配组合权重,在本质上均属于局部模型。与 MDWCE 相比,Online - MEP 在预测精度和极限预测时间上并不占优,但是 Online - MEP 不需要离线数据进行建模,能够以较快的速度实现在线建模与预测。采用多方法集成预测的方式,在一定程度上解决了单一方法因样本数量有限造成的预测精度低的问题。Online - MEP 可以用于发动机在线故障预测,并适用于因缺乏样本而无法建立发动机离线故障预测模型的情况;而 MDWCE 更适用于 LRE 的多种工况变化的工作状况。

参考文献

[1]　Schapire R E. The Sthrength of Weak Learnability[J]. Machine Learning 1990, 5(2): 197 - 227.

[2]　Freund Y, Schipare R E. A Decision Theoretic Generalization of on - line Learning and an Application to Boosting[J]. Computational Learning Theory: 2nd European Conference, 1995, 5(6): 23 - 37.

[3]　Dietterich T. Ensemble Methods in Machine Learning[J]. Multiple Classifier System, 2000, 1857(5): 1 - 15.

[4]　Polikar R. Ensemble based System in Decision Making[J]. Circuits and System Magazine 2006, 6(3): 21 - 45.

[5]　Solomatine D P, Shrestha D L. AdaBoost. RT: A Boosting Algorithm for Regression Problem [C]. Budapest: 2004 IEEE International Joint Conference on Neural Network, 2004.

［6］ Shrestha D L, Solomatiine D P. Experiments with AdaBoost. RT, All Improved Boosting Scheme for Regression［J］. Neural Computing, 2006, 18(6): 1678－1710.

［7］ 郑晓东,丁浩. 局部一致性集成聚类算法研究［J］.计算机应用与软件,2014, 31(9): 228－243.

［8］ Zhang C X, Zhang J S. A Local Boosting Algorithm for Solving Classification Problem［J］. Computational Statistics and Data Analysis, 2008, 52(4): 1928－1941.

第8章
发动机故障预测工具箱设计与实现

8.1 引   言

    LRE 结构复杂,工作条件极致,其故障具有发生、发展迅速与破坏性极大等特点。在研制、试验与使用过程中,一旦发生故障极易造成严重危害,造成装置、设备、人员巨大损失。因此,在发动机试验和飞行任务中采用健康监控系统,可以及早对故障进行预测并发出预警,检测出故障并发出报警,确定故障部位、类型及程度,采取适当的措施以减小损失。另外,具备事后故障诊断与分析的健康监控系统,还可以对试验或抽检的发动机工作状态进行分析,以进一步验证和确定发动机是否达到设计指标,是否能够满足实际飞行需求,为改进发动机设计、提高发动机可靠性与安全性提供技术支撑;而对于处于研发阶段的 LRE 来说,还有利于减少研发周期和成本。

    鉴于健康监控系统的重要性,各航天大国都十分重视相关的研发工作。特别是针对 SSME,美国开发和研制了一系列的健康监控系统[1-6]。目前,虽然有关 LRE 健康监控系统的有关成果已有不少,但是相关文献资料多为介绍性报道,有关故障预测与隔离算法等核心关键的具体方法很难获取和掌握,而关于 LRE 故障预测系统的研究资料更是少见。因此,开展发动机故障预测系统设计与研发工作,作为发动机健康监控系统的扩展与补充,具有十分重要的理论意义与工程应用价值。

8.2 工具箱设计理念与特点

    为了给 LRE 故障预测系统设计与研发奠定基础,在第 2 章~第 6 章的基础上,设计并开发了液体火箭发动机故障预测工具箱(failure prediction tool-box for liquid-propellant rocket engine, FPTLRE)。该工具箱以工程实际应用为设计目标,集成了论文所发展的故障预测方法,还增加了数据处理、数据管理与方法验证等诸多实用功能,具有使用便捷、界面友好、接口丰富、数据可视化与功能模块化等特点,为工具箱的实际应用奠定了坚实基础。

8.2.1　面向实际需求

工箱的设计目的是实现液体火箭发故障预测,现阶段更多是在发动机地面试车中进行应用。工具箱主要有以 Labview 为编程基础的软件系统和以 NICRIO - 9025 为基础的硬件系统两部分。软件系统采用模块化设计思想,将不同的功能按照模块划分,然后组合在统一的软件系统框架下,方便以后随时添加功能与进行修改。硬件系统采用即插即用设计思想,使用前根据实际情况,通过软件系统下发故障预测程序到 NICRIO - 9025。NICRIO - 9025 具备比较齐全的硬件接口,通过连接各类数据采集装置实现故障预测。在 NICRIO - 9025 工作时,通过以太网口与软件系统连接,实现故障预测过程的可视化。软、硬件系统在实际应用中的信息传递关系如图 8.1 所示。

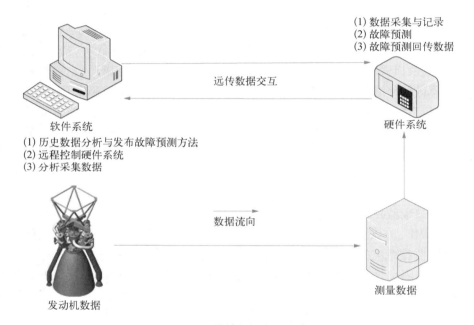

图 8.1　工具箱数据交互示意图

NICRIO - 9025 主要由采集卡、存储器、主板与处理器等构成(图 8.2)。内置的 NI 公司 VxWork 实时操作系统,可以保证系统稳定可靠,并支持 Labview 与 C++等语言编写的各种程序。其具有 2 个 USB3.0 接口、1 个千兆以太网口与 1 个 RS232 串口,其他特性如下:① 2 块数字信号采集卡、2 块模拟信号采集卡,采样频率 50 Hz 以上,模拟输入分辨率 16 位以上;② 主控制器采用内存大小为 512 M 的实时处理器,双核 1.8 GHz;③ 内置 4G 高速存储器并支持 128 G 外置存储卡;④ 控制器尺寸大小为 $8.81 \times 7.73 \times 7.7 \ cm^3$,重量为 1.2 kg,功耗为 35 W,信号接口采用航空插头。

NICRIO - 9025 是采用模块化设计的嵌入式系统。按照不同的硬件模块,可分

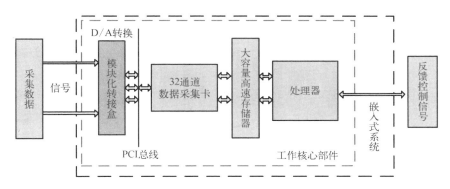

图 8.2　NICRIO‐9025 嵌入式系统组成示意图

为以下三个部分：① 实时控制器，如图 8.3 所示；② 内置 FPGA 芯片的机箱，如图 8.4 所示；③ 各种不同功能的 I/O 模块，如图 8.5 所示。

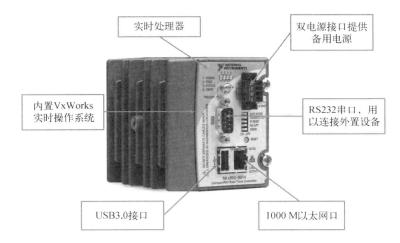

图 8.3　NICRIO‐9025 嵌入式系统实时控制器

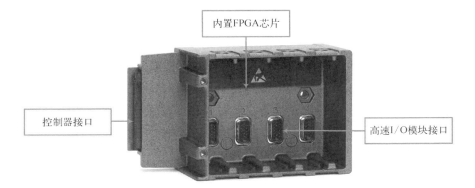

图 8.4　NICRIO‐9025 嵌入式系统机箱

各种功能的I/O模块

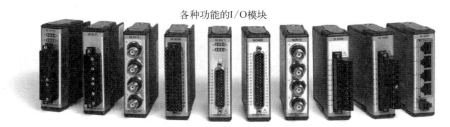

图 8.5　NICRIO - 9025 嵌入式系统卡 I/O

在实际使用中,通过搭配不同功能的 I/O 模块,可组合出多种功能的嵌入式系统。由于使用模块化设计,控制器与机箱可以根据不同需求进行升级。NICRIO - 9025 使用方便灵活,具有工业级的工艺标准,实现了硬件上的即插即用。

8.2.2　功能模块化

工具箱采用功能模块化思想,其根本目的是"高聚合、低耦合"。针对 LRE 故障预测问题,功能模块化设计具有以下重要作用: ① 快速实现工具箱的各种功能; ② 为后续功能扩展提供有效接口; ③ 为软件维护与修改提供便利。

工具功能模块化设计主要体现在软件系统上,软件系统按照不同功能划分为各个相对独立的模块,各个模块集成在发动机故障预测工具箱统一框架下。主要有数据预处理模块、数据管理模块、数据验证模块、故障预测方法模块与故障预测可视化模块等。

(1) 数据预处理模块。发动机历史数据多为传感器测量数据,在进行故障预测建模前,需要进行预处理。不仅包括了第 5 章的样本预处理和样本重构方法,还增加了原始数据图、故障阈值图、累积方差图与功率谱图等数据分析与可视化功能,方便对数据进行直观分析。

(2) 数据管理模块。数据管理的主要功能是数据的记录、传输与查询。数据记录分为主控计算机数据记录与 NICRIO - 9025 记录。NICRIO - 9025 具有数据采集、记录与传输等功能。数据传输的主要任务是为实现 NICRIO - 9025 与主控计算机、NICRIO - 9025 与测量设备以及主控计算机与其他计算机之间的数据流通。数据查询的主要功能是对已有的历史数据和测量获取的数据进行检索提取,以便进行事后分析以及建立、改进和验证预测模型。

(3) 数据验证模块。根据存储的历史样本,对各种方法实施考核;并通过验证考核,对预测模型进行筛选与改进,以便选择最适合实际情况的预测方法。

(4) 故障预测方法模块。软件系统内置多种故障预测方法,可以随时根据输入数据进行训练建模并下载至 NICRIO - 9025 中。工具箱还收录了各类故障阈值确定与故障检测算法,主要用于解决 LRE 健康监控问题,也可以对其他动力系统健康监控问题提供借鉴。

（5）故障预测可视化模块。故障预测可视化模块将图像处理、统计学和健康监控集成为一体。可视化能够为用户提供最直接的视觉信息,实现"数据信息"向"可视信息"的转变。其主要功能是进行故障预测参数的数值、曲线、预测值与故障阈值等信息的实时显示,为使用者提供更为直观的故障预测信息。

8.2.3　丰富的程序接口

工具箱软件系统是基于 Matlab 编程,而硬件系统是基于 Labview 环境编程。利用 Labview 与 Matlab 软件可以实施多平台联合编程。LabView 是面向测控领域的系统开发软件,是一种比较理想的软件开发环境。因此,可在工具箱的设计阶段预留与 Matlab、C++与 C#等编程平台的接口规则,为后续工具箱的改进和功能添加提供便利条件。

8.3　工具箱的实现

工具箱软件系统采用 Matlab 编程,主要实现数据预处理、数据管理、数据验证、预测方法集成和故障预测验证等功能。硬件系统采用 Labview 编程,其具有以下两点优势：① 采用 Labview 编程可以直接将汇编语言转化为机器语言,可以方便地实现对硬件的控制;特别是 Labview 支持 FPGA 功能,可以直接设置集成电路功能,运算速度快、可靠性高与使用便捷灵活;② 利用 Labview 自带 CompactRIO 平台(图 8.6),可以将程序快速发布到 NICRIO‐9025 中。

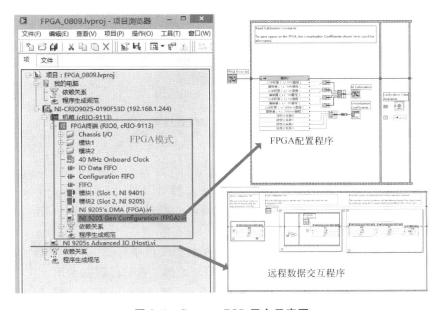

图 8.6　CompactRIO 平台示意图

硬件系统主要功能是将测量数据记录到 NICRIO‑9025 内置存储器,通过内置故障预测程序,对故障预测参数进行预测,并通过网络将数据与将预测结果回传给软件系统。软件系统的主要功能是实时控制硬件系统,随时下发控制指令,根据情况对回传数据进行分析与处理。

8.3.1　硬件系统配置

硬件系统配置的主要任务是将各个功能模块发布到硬件系统中,并实现软件系统与硬件系统的远传互联。通过 Labview 自带的 CompactRIO 平台,可以快速实现程序发布与硬件系统调试。

硬件系统的配置过程如图 8.7 所示,具体步骤包括:① 根据实际需要,将 Matlab 编写的故障预测程序通过预留接口下发或改写到 CompactRIO 平台;② 在 CompactRIO 平台对代码进行编译与调试;③ 将编译完成的程序发布到 NICRIO‑9025 上;④ 在 NICRIO‑9025 上,独立运行发布程序或者通过网络与主机的软件系统联动运行发布程序。

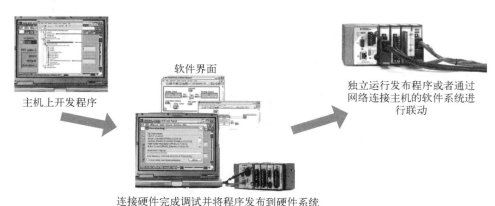

主机上开发程序　　软件界面　　独立运行发布程序或者通过网络连接主机的软件系统进行联动

连接硬件完成调试并将程序发布到硬件系统

图 8.7　硬件系统配置过程

8.3.2　数据分析与预处理

图 8.8 为工具箱数据分析界面,其数据来源可以是 txt 文件、excel 文件或是 Labview 定义的测量数据文件。加载后,能够以曲线的方式表现在中间区域,方便对数据进行分析。

数据分析与预处理的主要功能包括:① 数据统计学分析,例如均值计算、方差计算与概率分布检验等;② 数据归一化处理与数据变换;③ 数据的单位化、中心化和正则化预处理;④ 剔除粗大误差、数据扩充与相空间重构;⑤ 数据多尺度采用分析;⑥ 数据修改、删除与添加。

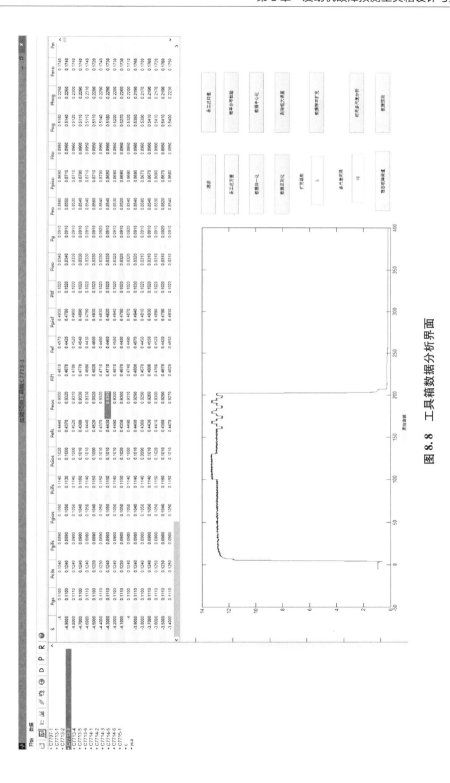

图 8.8 工具箱数据分析界面

8.3.3 参数设置与方法选择

如图 8.9 所示,工具箱故障预测软件系统的故障预测用户界面(graphical user interface, GUI)主要分为三个部分,包括设置区域、显示区域和可视化区域,具体如下。

(1) 界面顶部为参数设置与方法选择区域。用于选择合适的预测算法并设置算法所涉及的各类参数。

(2) 界面右侧为故障预测参数显示通道区域。用于显示各个故障预测参数的实时变化情况。

(3) 界面中间为故障预测可视化区域。用于显示故障预测曲线、故障阈值和传感器的实测值。

在图 8.9 的顶部,直接通过下拉菜单选择相应的故障预测方法,然后在顶部对话框中输入故障预测相关参数,点击开始/停止按钮即可启动故障预测。在故障预测参数显示通道,可以实时显示故障预测参数数据采集数值,单击相应的故障预测参数通道右侧的开关,可以在中间的可视化区域显示相应的故障预测过程。在故障预测参数显示通道左侧预留串口通信开关,可以通过软件系统下发控制信号,实现不同功能的串口控制命令。例如,在 NICRIO - 9025 串口上连接音频播放设备,当发生故障预警时,通过串口控制音频设备发出预警声音。

工具箱集成了大量的 LRE 故障预测与检测方法,具体情况如下。

1. 故障检测方法

(1) 基于自适阈值的故障检测方法(adaptive threshold algorithm, ATA);

(2) 自适应相关故障检测方法(adaptive correlation algorithm, ACA);

(3) 基于 BP 神经网络的故障检测方法;

(4) 基于包络线的故障检测方法(envelope algorithm, EA);

(5) 基于红线关机的故障检测方法(redline cut-off system, RS)。

2. 故障预测方法

(1) 基于增量学习的 PNN 故障预测方法;

(2) 基于组合模型的 PNN 故障预测方法;

(3) 基于样本重构的 PNN 故障预测方法;

(4) 基于多方法集成的故障预测方法;

(5) 基于 ELM 的故障预测方法。

备注 8.1: 由于研发时间与试验验证等限制因素,工具箱仅仅提供基于数据驱动的故障检测与故障预测方法。从方法的完备性出发,可以进一步扩展工具箱的功能,各种监控方法也将陆续被添加进来。

8.3.4 工具箱演示

采用第 3 章中基于输出权值更新的过程神经网络预测方法,以 Test13 - 4 次试

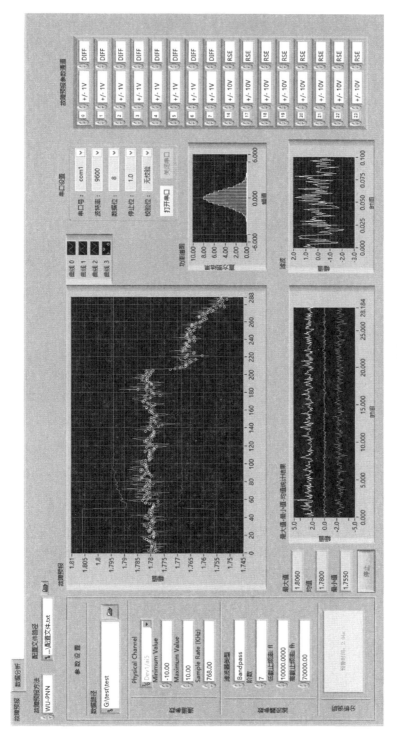

图 8.9　工具箱故障预测界面

车氧增压气蚀管出口压力预测为例,对本工具箱故障预测的过程进行演示。压力数据预先存储在主控电脑的 NI‑MAX 远程测试平台中,通过 NI‑MAX 实时向硬件系统传输数据,可以用来模拟数据采集过程。具体过程如下:

(1) 通过网线连接硬件系统与软件系统;

(2) 导入配置文件到软件系统并选择故障预测方法,如图 8.10 所示;

(3) 启动 NI‑MAX,设置数据传输启动时间与硬件系统触发条件;

(4) 启动数据传输;

(5) 对传输数据进行故障预测,如图 8.10(b)所示;

(a) 系统配置　　　　　　　　　　　　(b) 故障预测过程

图 8.10　工具箱演示图

(6) 测试完成后点击停止按钮,停止硬件系统并保存测试数据。

故障预测工具于 2.04 s 发出了故障预警,并判断出氧增压气蚀管出口压力超出故障阈值下限。结合第 3 章内容并考虑到工具箱硬件系统采样时间间隔为 0.01 s,可以确认,工具箱对该次测试做出了准确及时的故障预警。

8.4　本章小结

本章详细介绍了 LRE 故障预测工具箱。该工具箱以实际需求为牵引,采用功能模块化设计,具有界面友好、功能齐全、方法丰富、便于功能扩展和即插即用等特点,适用于故障预测理论研究与故障预测方法验证。工具不仅集成了论文第 2 章到第 6 章的全部故障预测方法与验证数据,还添加了已有的故障检测算法,包括基于包络线的故障检测算法与基于自适应相关的故障检测算法等。该工具箱还增添了数据分析与数据预处理等许多实用功能,为其工程应用奠定了基础。

故障预测工具箱依赖于 Labview 编程与测试环境,虽然系统资源消耗不大,但是硬件系统调试与测试工作十分烦琐,并且 Labview 自带算法不如 Matlab 丰富,编程与调试效率没有 C++高,与工业级应用系统相比尚有一定差距。进一步的工作是要对工具箱的程序进行优化,完善系统各项功能,降低系统配置与调试难度,并结合其他编程环境丰富工具箱功能,以实现工具箱的工业级应用。

参考文献

［1］　Bickford R L, Bickmore. Areojet's Titan Health Assessment Expert System［R］. AIAA 92-3330, 1992.

［2］　Bickmore T W, Maul W A. A Qualitative Approach to Systemic Diagnosis of the SSME［C］. Reno: 31st Aerospace Sciences Meeting, 1993.

［3］　Fiorucci T R, Lakin D R, Reynolds T D. Advanced Engine Health Management Applications of the SSME Real-time Vibration Monitoring System［R］. AIAA-2000-3622, 2000.

［4］　Kolcio K, Helmicki A J. Propulsion System Modelling for Condition Monitoring and Control: Part Ⅱ Application to the SSME［R］. AIAA 1994-3228, 2004.

［5］　Chen J, Patton R J. Robust Model-based Fault Diagnosis for Dynamic Systems［M］. New York: Springer Publishing Company, 1999.

［6］　Ding S X. Model-based Fault Diagnosis Techniques: Design Schemes, Algorithms and Tools［M］. London: Springer, 2008.